AF558941

Wir danken allen Institutionen, die mit Ihrer Unterstützung
die Realisierung dieses Buchs ermöglicht haben:

Emil Nüesch Stiftung

Die Rebleute der Chöre und die Gemeinde Bachenbülach

Ortsmuseum Binningen

Stiftung Lienhard-Hunger

www.as-verlag.ch

Ein Verlag der Lesestoff-Gruppe
Gestaltung und Satz: AS Verlag & Grafik, Urs Bolz
Korrektorat: AS Verlag, Anja Gerspacher
ISBN 978-3-03913-032-0

Der AS Verlag wird vom Bundesamt für Kultur
für die Jahre 2021–2024 unterstützt.

Klaus Schilling

Baumtrotten

Kulturerbe und Jahrhundertzeugen in der Schweiz und im Fürstentum Liechtenstein

AS VERLAG

A.L
A.L
A.L

Vorwort

Von Regierungsrat Ernst Stocker, Finanzdirektor Kanton Zürich

Die Schweizerinnen und Schweizer trinken gerne Wein. Derzeit werden in unserem Land jährlich über 250 Millionen Liter konsumiert, der Pro-Kopf-Verbrauch gehört laut Statistiken zu den höchsten der Welt. Der Wein spielt eine wichtige Rolle bei Essen, Empfängen, Feierlichkeiten und anderen Anlässen. Es wird nach wie vor genau darauf geachtet, wer was von welcher Qualität ausschenkt. Der Wein ist Genussmittel, manchmal auch Geschenk oder Ehrengabe. Wenn die Angehörigen der Armee aus ihrer Dienstpflicht entlassen werden, gibt ihnen der Zürcher Regierungsrat jeweils ein «Halbeli» Blauburgunder mit auf den Heimweg. Doch so beliebt der Wein ist und so viele Flaschen auch geöffnet werden: Die Weinkultur in unseren Breitengraden ist mit derjenigen vor der grossen Krise vor rund 100 Jahren nicht mehr zu vergleichen. Es ist aus heutiger Sicht kaum mehr vorstellbar, wie verbreitet der Rebbau in der Deutschschweiz war und wie sehr er die Landschaft mitgeprägt hat. Der Wein war sehr viel stärker als heute ein Alltagsgetränk, und seine Herstellung mit sehr vielen lokalen Eigenheiten verbunden. Aus dem Zürcher Weinland ist überliefert, dass beinahe jedes Dorf wieder andere Stickelabstände wählte und einen anderen Rebschnitt pflegte. Das färbte auch auf das Zwischenmenschliche ab. Einer Tochter, die in ein anderes Dorf heiratete, wurde nachgesagt, sie verstehe nichts vom Rebwerk.

Zum weitverbreiteten Rebbau gehörten auch die Trotten oder Torkel, die je nach Gegend noch ganz andere Namen hatten. Als mächtige mittelalterliche Maschinen verkörperten sie auf eindrückliche Weise, mit wie viel Wucht der Wein der Natur buchstäblich abgepresst werden muss. Die Trottwerke gehörten ebenso selbstverständlich zu einem Dorf wie das Wirtshaus, die Schmiede, die Mühle oder der Backofen. Sie waren somit Teil der gewerblichen Infrastruktur in einer Gesellschaft, in der die meisten Menschen mehr oder weniger direkt mit der Produktion von Nahrungsmitteln zu tun hatten.

Ein solches Land ist die Schweiz bekanntlich schon lange nicht mehr. Während des 20. Jahrhunderts haben sich die Verhältnisse umgekehrt. Heute leben die meisten Menschen in einer grösseren oder kleineren Stadt oder in der Agglomeration, die wenigsten sind noch in der Landwirtschaft tätig. Die Erzeugung und Verarbeitung von Lebensmitteln ist aus der Alltagserfahrung grösstenteils verschwunden, und das gilt auch für den Wein. Der Kontakt mit der Weinherstellung ist auf Ausnahmemomente beschränkt. Zum Beispiel wenn man einer Einladung in einen offenen Keller folgt, in den Italienferien ein Weingut besucht oder am Sechseläuten Spalier steht, wenn die Zunft Riesbach ihr altes Trottwerk aus Rudolfingen mitführt.

Vor diesem Hintergrund schätze ich dieses Buch sehr. Es öffnet neugierigen Weinfreunden eine Tür zur Vergangenheit. Es dokumentiert die regionale Vielfalt, die in vorindustrieller Zeit auch bei den Weinpressen herrschte. Und zu guter Letzt würdigt der Band die Arbeit und die Ausdauer der Menschen, welche die vorgestellten Trotten erhalten und pflegen. Dank ihnen haben es diese einst zentralen ländlichen Kulturgüter in die heutige Zeit geschafft, sie bleiben sicht- und fassbar. Sie erinnern an die traditionelle Schweizer Weinkultur vor dem grossen Umbruch und an die Kraft, die heute noch in jedem Tropfen steckt – auch wenn er anders gepresst wird. Das Buch fördert und stärkt die Wertschätzung für den Wein im Allgemeinen, wofür ich dem Autor und dem Verlag recht herzlich danken möchte.

Ernst Stocker

Inhaltsverzeichnis

Trotten Zentralschweiz

Trüel Kanton Bern

Triel und Driel Oberwallis

Anhang

Ein weinbauliches Kulturgut

Augenweide oder platzraubender «Steh im Weg»?

Es gehört zu den faszinierendsten Anlässen, wenn eine grosse Baumpresse mit Traubentrester beladen wird und der Trottbaum mit grosser Gewalt seine Kraft in Rebensaft verwandeln lässt. Die Balken beginnen zu singen. Das Hohelied des guten Weins.

Es gibt in der Deutschen Schweiz sicher noch zwei Baumtrotten, die regelmässig in der herbstlichen Ernte in Aktion zu sehen sind. Weitere Trotten werden bei Festlichkeiten und Jubiläen vorgängig sorgfältig gewässert, damit beim Pressen des speziellen Pressgutes nichts verloren geht. Das Wässern dichtet die Fugen der Holzkonstruktion.

Auf der Suche nach diesen Zeitzeugen hat der Autor immer wieder neue, meist versteckte Holzpressen gefunden. Diese Zeugen mittelalterlicher Weinkultur zählen wir zu den verstaubten und meist vergessenen Trotten.

Einige Weinbaumuseen haben Prachtexemplare stehen und erzählen damit gute Geschichten, wenn sie die Besucher um die Trotte scharen können und ihnen die Technik erklären dürfen.

Trotten stehen im Regen, einige sind herausgeputzt und lackiert wie Stubenmöbel. Es gibt Trotten, die sind Abstellplatz für Moderneres. Trotten, umgeben von Festtischen, laden zum Essen ein. Etwas bleibt all diesen Trotten oder Torkel eigen. Sie sind Zeugen eines alten Handwerks. Eines Handwerks, das tausendfach in den Städten und Dörfern jeweils im Herbst betrieben wurde.

Trotten haben meist den Steuersatz beim «Zehnten» mit der Menge des Presssaftes bestimmt.

Einige Trotten wurden durch den lokalen Heimatschutz renoviert und sollen der Nachwelt erhalten bleiben. Trotzdem aber sind etliche Trotten gefährdet, weil sie den Schutz nicht erhalten haben, in hintersten Kellern vergessen gingen oder schlicht im Wege stehen.

Dieses Buch, eine Sammlung an beschriebenen Trotten in der Deutschschweiz und Liechtenstein, soll helfen, altes Kulturgut aus dem tiefsten Keller zu holen. Wertgeschätzt sollen die massigen Baumtrotten den Weg in die nächste Generation schaffen.

Noch lange sollen Winzer dem Lied der knarrenden Balken Zeit und Raum verschaffen können. Das kulturelle Vermächtnis soll erhalten bleiben. Wirklich, noch lange.

Klaus Schilling

Sichtbare
handgemachte
Präzision

Der Ursprung von Baumtrotten

Friedrich Bassermann-Jordan vermutet in seiner zweibändigen Geschichte des Weinbaus von 1975, dass bereits die Römer Baumtrotten verwendeten. Nachweise oder Bilder sind dazu nicht überliefert. Bekannt hingegen ist die Darstellung «Christus in der Kelter» [1] aus dem 12. Jahrhundert. Dieses Motiv wurde bis ins 19. Jahrhundert auf Altarbildern verschiedentlich dargestellt.

Sichere Belege sind erst aus dem 13./14. Jahrhundert vorhanden. Zu den ältesten Nachweisen im Zürcher Weinland gehören die Trotten von Uhwiesen (1581) und Ossingen (1643). Beide Trotten wurden aber entfernt. Zeitzeugen, die heute noch bestehen, entstammen meist dem 17. und 18. Jahrhundert.

Dendrochronologische Untersuchungen an verschiedenen Baumtrotten zeigen nicht immer das richtige Alter einer Trotte. Nach Brüchen, Abnutzung der Spindel, Umzügen in ein anderes Trottgebäude oder einer Vergrösserung der Kapazität wurden die Spindel, manchmal auch der Trottbaum oder sogar das Trottbett ersetzt. Oft wurde dafür das Holz einer anderen Presse verwendet, die nicht mehr gebraucht wurde. Ein Beispiel dafür ist die Baumpresse von Rudolfingen. Der Baum ist auf das Jahr 1631 datiert, das Bett aufs Jahr 1750.

Organisation der Presse

Schon allein die Grösse einer Baumpresse erforderte ein Zusammenarbeiten vieler Männer. Einer dieser Männer wurde jeweils zum Trottmeister gewählt. Seine wichtigste Arbeit bestand im korrekten Abmessen des Zehntweines für den Eigentümer dieser Trotten. Dieser Trottmeister wurde sogar vereidigt. Er verdiente sich einen Batzen dazu. Darum war die Arbeit besonders begehrt.

Eigentum der Trotten

Es waren im Frühmittelalter vor allem Adlige und Klöster, die sich dem Weinbau widmeten. Noch heute sind solche Lagen und Besitztümer bekannt, etwa der Rebberg Korb des Klosters Rheinau, der

1

2

Rebberg Leutschen des Klosters Einsiedeln oder der Rebberg in Weiningen des Klosters Fahr. Das ehemalige Grossmünsterstift in der Stadt Zürich holte mit dem Stiftswagen den Anteil, der dann auf den mächtigen Trotten im Schenkhof gepresst wurde. Der damalige Rebbau wurde nicht durch die Klöster oder durch die adligen Familien selber bewirtschaftet. Vielmehr wurden die Ländereien für den Zinsherrn von Leuten aus der jeweiligen ländlichen Umgebung bearbeitet. Je vielfältiger die Besitztümer in einer Gegend waren, desto grösser war die Anzahl von Baumpressen, die im Herbst in Aktion traten. 1826 traten allein in der Stadt Zürich, damals ein namhaftes Weinbaugebiet, aus 76 Trotten Traubensaft aus der Kelter. Die Klöster und Adligen der Stadt Zürich gehörten aber auch zu den grossen Landbesitzern im Zürcher Weinland, wo Brandkatasterpläne des Jahres 1812 noch 249 Trottgebäude nachweisen.

Krisen im Rebbau führten anfangs des 20. Jahrhunderts zu einem starken Rückgang der Rebflächen. Einerseits war es die aus Amerika eingeschleppte Reblaus, welche die grossen Rebbaugebiete der Schweiz befiel. Anderseits hatten die neuen Verkehrswege auf dem Wasser und auf der Schiene ausländische, vielfach bessere Weine zu den Kunden in die Schweiz gebracht. In der Deutschen Schweiz sind viele der jetzigen Weinbaubetriebe erst ab Mitte des 20. Jahrhundert aus bäuerlichen Betrieben mit erfolgreichem Betriebszweig Rebbau entstanden. Die Pressarbeit übernahm zum Teil die Genossenschaft, die sich um Vinifikation und Vermarktung kümmerte. Anderseits bauten Winzerfamilien mehr und mehr auf neu entstandenen Selbstkelterungsbetrieben eigene Wertschöpfungsketten auf, so wie sie heute noch bestehen. Heute vereinfachen computergesteuerte, pneumatische Pressen die Kelterarbeit enorm. Sie arbeiten schonend mit Luftdruck und haben damit den personellen Aufwand enorm gesenkt.

[2] Das Kloster Fahr, links im Hintergrund die Rebberge von Weiningen.

Bezeichnung von Teilen der Trotten

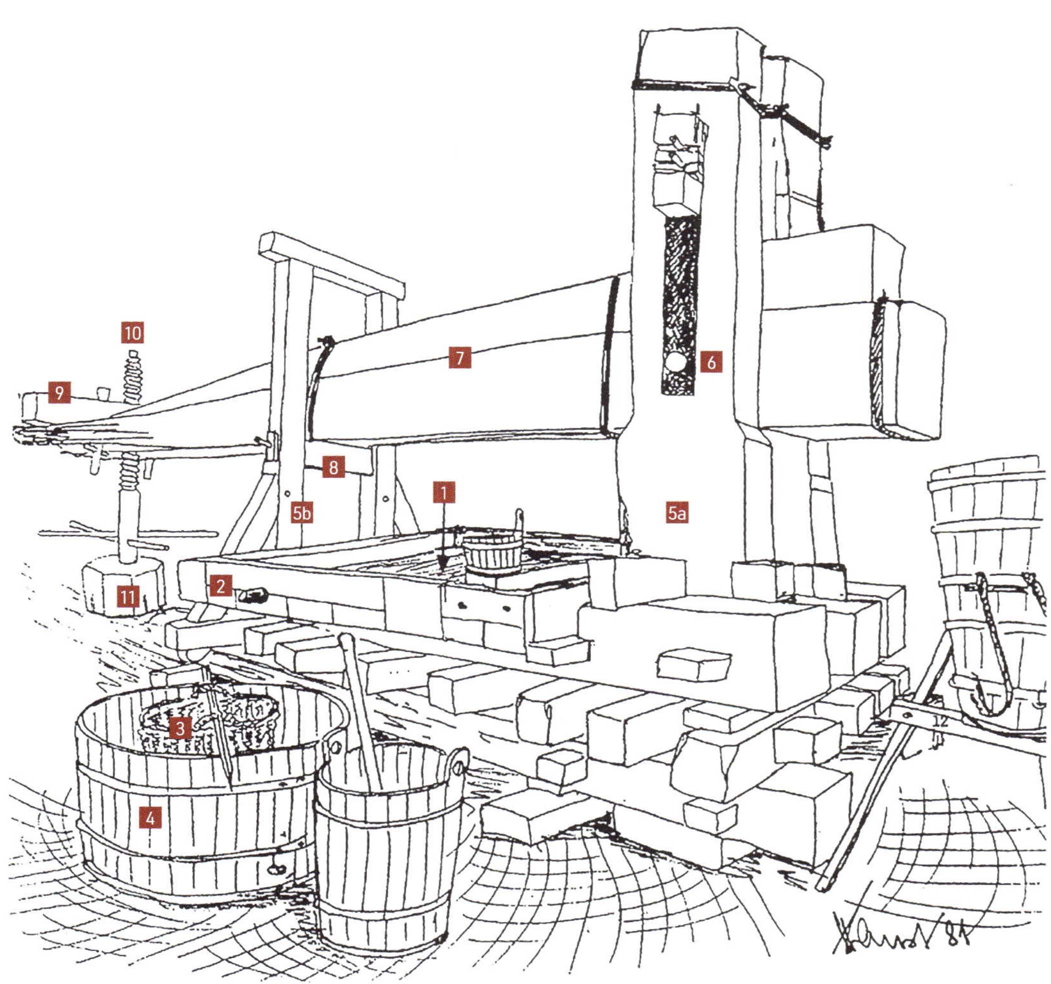

1 Trottbett
2 Rünni (Ausgussloch aus dem Trottbett)
3 Wydezäine (Korb zum Filtern von Beerenhautresten und Stielteilen)
4 Rännstande (Holzstande zum Auffangen des fliessenden Saftes)
5a Hinterstüüd oder Hinterstuud oder hinteres Brustsül (GR)
5b Vorderstüüd oder Vorderstuud oder vorderes Hauptsül (GR)
6 Nagel
7 Trottbaum mit zweitem Trottbaum als Gewicht
8 Esel (loser Balken verhindert das weitere Absenken des Baumes)
9 Twärholz (Balken mit Muttergewinde für die Spindel)
10 Spindel oder Spille
11 Trottstein

Spindel- oder Spillgewichte

In der Ostschweiz ist der Mühlestein vielfach im Boden versenkt. Andere Baumtrotten haben oberirdische Gewichte mit Steinblöcken auf Holzgestellen.

So entsteht eine Spindel

[1] Mit Klebeband wird das ausgesuchte Holz umwickelt.
[2] Mit dem Bleistift zeichnet der Meister die Gewindesteigung aufs Papier
[3] Mit der Spannsäge wird im richtigen Winkel und in der richtigen Tiefe das Gewinde eingesägt.
[4] Mit dem Stechbeitel wird das Gewinde ausgeformt.
[5] Mit Raspel und Feile wird dem Gewinde der Feinschliff verpasst.
[6] Skizze einer Lehre zur Überprüfung der Steigung.

Zu dieser Arbeit hat das Waldbauernmuseum ein instruktives Video erstellt: www.waldbauernmuseum.at

Das Bereitstellen und die Arbeit mit der Presse

Am Beispiel der Trotte im Weinbaumuseum Zürichsee

So ein bisschen Staubsaugen schadet nicht. Die Presse ist seit einigen Jahren nicht mehr in Betrieb gewesen [1]. Mit einer dicken schwarzen Folie (Teichfolie für Gartenanlagen) wird nun der Innenbereich des Trottbettes ausgelegt [2]. Beim Rünni hat die Folie eine Öffnung für den Ablauf des Saftes. Die Folie ist natürlich eine Konzession ans Alter des Holzes.

Die nummerierten Täferbretter werden Kamm in Nut auf der Folie ineinandergesteckt [3]. So entsteht ein tragfähiges Bett. Achtung, die Folie muss geschützt werden, damit keine Löcher entstehen. Der so aufgebaute Bretterboden schützt die Folie beim Schroten der Maische. So ist der Tisch bereit fürs Befüllen mit Maische.

Ist das Trottbett mit der Maische befüllt, wird mit dem Aufbau des Brettergerüstes begonnen. 5 bis 7 dicke Bretter werden auf den Trester gelegt [4] (Hier fehlt die Maische. Trockenlauf zu Übungszwecken).

Nun muss der Trottbaum in die Höhe geschraubt werden [5]. Mit der Spindel wird nach oben gedreht, bis im Hinterstüd, auch Zwingstüd, der Trottbaum sich senkt. So können die oberen Querbalken (Nadeln) herausgenommen werden.

Balkenlage um Balkenlage, immer kreuzweise aufgebaut, wird nun auf die Maische gelegt [6]. Die letzten beiden Lagen kommen quer unter den Trottbaum zu liegen. Meist genügt eine Balkenlage (Foto: Trockenlauf ohne Trauben)

Nun wird der Trottbaum so weit nach oben geschraubt, bis der Nagel hinten beim Hinterstüd eingefügt werden kann. Der Nagel, also die Achse, bleibt immer im Trottbaum, es werden nur die Nadeln, beim Befüllen unter, beim Pressen über den Trottbaum geschoben [7].

Mit der Spindel wird weiter nach oben gedreht, bis der Esel entlastet ist. Dieser wird nun weggenommen.

Die Spindel nun in der anderen Richtung drehen (nach unten), bis der Trottbaum auf dem Balkengerüst über der Maische sitzt. Nun wird weitergedreht, bis der Stein sich vom Boden löst und leicht schwebt. Das zusätzliche Gewicht hilft bei der Pressung. Man rechnet, dass so bis 30 Tonnen Druck auf die Trauben wirken. Wenn gegen Ende der Pressung die Maische auf bis zu 3 m^2 verteilt ist, wirkt ein Druck von ca. 1 Bar auf das Pressgut, ebenso schonend wie moderne Pressen.

Der Stein wird während dem Pressvorgang immer wieder angehoben, wenn sich die Maische wieder gesenkt hat.

Wenn kein Saft mehr kommt, wird der Trottbaum wieder nach oben abgehoben («gwiegelet»), bis das Balkengerüst entlastet und abgebaut werden kann. Das heisst, der Trottbaum wird soweit gehoben, bis der Esel wieder unter den Baum eingeschoben werden kann. Auf dieser Wiege wird dann soweit nach

1

2

3

4

5

6

7

unten geschraubt, bis sich beim Hinterstüdel der Baum hebt. Der Tresterturm wird frei für einen neuen Ab- und wieder Aufbau.

Mit Schrotmesser wird der Trester am Rand abgehackt. Dieser Trester wird auf den Tresterkuchen oben aufgeschichtet. Erneut wird der Balkenturm auf den Trester aufgebaut. Bis unter den Baum.

Wieder wird der Trottbaum nach unten auf den Trester abgesenkt. Das Gewicht lässt den süssen Saft der Weissen Trauben oder den vergorenen Saft der Blauen Trauben in die Rinnstande fliessen.

Der Pressvorgang wird noch ein-, zweimal wiederholt.

Moderne Pressen [8] arbeiten in den ersten 50 Minuten mit einem bescheidenen Druck von jeweils 0,2 Bar (ca. 6–8 mal) Erst in der 2. Stunde erhöht sich der Druck bei jedem Vorgang um jeweils 0,2 Bar auf die Zielhöhe von 1,5 bis 1,8 Bar. Computergesteuerte Pressen passen sich automatisch den Druckverhältnissen und dem Druckabfall bei der Saftableitung an.

Pressen heisst nicht: Möglichst viel Kraft und Druck. Pressen heisst heute: Druck, Zeit und viele Vorgänge von Druckabbau, Drehen der Kammer und Wiederaufbau des Drucks.

Pressen mit dem Pressbaum bringt klare Säfte. Modern pressen mit vielen Bewegungen bringt Trub in den Most, der wieder filtriert werden muss. Modern hat also nicht nur Vorteile, auch wenns personell wesentlich leichter zu und her geht.

8

Entwicklung der Kelterei nach den Baumtrotten

Auf der Weltausstellung in Paris 1870 wurde erstmals eine Korbpresse aus der Steiermark ausgestellt. Diese Idee fand grosse Beachtung. Auch bei zahlreichen Eigentümern von Baumpressen.

Statt den Trester lose im Trottbett aufzuschichten, wurde ein hölzerner Korb ins Bett gestellt und mit Trester gefüllt. Damals eine grosse Erleichterung der Pressarbeiten.

Nach einem Bruch der Spindel oder sogar des Trottbaums wurden grosse Holzpressen ab 1870 in Jochpressen umgebaut. Vorerst aber wurde der Druck immer noch von Hand durch das Drehen an der Spindel von den Kellergehilfen aufgebaut.

Im Zürcher Weinland soll es sogar Pressen gegeben haben, die mit 2 Spindeln arbeiteten. Wenn jeweils eine Spindel durch die Pressarbeit entlastet war, drehte man wieder einige Zentimeter weiter. Zuviel des Drehens konnte aber zu Spannungen und zum Bruch der Spindel führen. Eine heikle Arbeit für den Trottmeister (siehe Trotte Zunft Höngg).

Die Idee, in einem Korb den Trester zu pressen, fand schnell grosse Beachtung. Die grossen Holztrotten aber konnte und wollte man nicht so schnell liquidieren. In Deutschland hat man sogar solche Kelter mit hydraulischen Druckzylindern ausgerüstet.

Der Beginn des technischen Zeitalters brachte auch in den grossen Trotten einen Fortschritt. Es entstanden die ersten hydraulischen Korbpressen. Mit Motorenkraft wurde per Riemenantrieb die Kraft in den Tresterkorb umgeleitet. Hydraulische Pressanlagen konnten so in Grosskellereien täglich eine grosse Menge an Trauben und Trester verarbeiten.

Noch heute stehen solche hydraulischen Pressen in namhaften Weinschlössern des Bordeaux. Zum Teil nachgebaut, um der Kellerphilosophie des lagerfähigen Weines gerecht zu werden.

[1] Restaurant zum Herlisberg, Römerswil-Herlisberg LU.
[2] Der Trottbaum ist verschwunden. Die Spindel drückt direkt auf das Pressgut.
[3] Landesmuseum Koblenz. Handbetrieb um 1849.
[4] Kelter 1860, mit Druckzylindern ausgerüstet.
[5] Mechanisch angetriebene Korbpressen.
[6–8] Detailansichten der Mechanik im Weinbaumuseum Tegerfelden.

1

2

3

4

5

6

7

8

Mechanische Korbpressen

Namhafte Hersteller wie die Maschinenfabrik Rauschenbach in Schaffhausen (MRS) konstruierten auch Korbpressen für den kleineren Gebrauch. Davon zeugen herrliche Getriebewunderwerke von Obst- und Traubenpressen in den Museen.

Erste mechanische Horizontalpresse 1959, konstruiert von M.M. Chalonnaise in Challonnes sur Loire. Der Korb besteht aus Akazienholz. Die Fabrik ist die Vorläuferfirma von Waslin, die später zu Bucher Pressen überging.

Der Trester wird in einen liegenden Korb eingefüllt. An der eisernen Spindel wird von aussen eine Metallplatte gegen den Tresterkuchen drehend gedrückt. Wenn der Saftfluss versiegt, wird die Platte wieder zurückgedreht. Die Ketten zerreissen den angedrückten Kuchen. Die ganze Presstrommel kann sich drehen zur weiteren Lockerung. Dieser Pressvorgang konnte beliebig wiederholt werden, bis kein Saft mehr aus der der Presse rann.

Nachteil dieser mechanischen Pressarbeit war der enorme Druck, der aufgebaut wurde. Stielreste und Kerne konnten verletzt werden und haben dem Saft oft unangenehme bittere Gerbstoffspuren zugefügt.

[1/2] Früher Trotte Goffersberg, Strafanstalt Lenzburg, Museum Tegerfelden.

1

2

Dendrochronologische Untersuchungen

Meist ist es der grosse Baum der Baumtrotten, den die Verantwortlichen untersuchen lassen. Jedes Museum, jeder Besitzer möchte schliesslich wissen, wie alt seine Konstruktion sein könnte. In der Regel wird die dendrochronologische Methode angewendet, um den Zeitraum des Fällens des grossen Trottbaumes zu bestimmen. Dabei werden oft mehrere Bohrungen gemacht, um eine einwandfreie Struktur der Jahrringe darzustellen. Die unterschiedlichen Bohrungen dienen zur Bestimmung der Trefferquote.

Die Anzahl Jahrringe zeigen, wie lange die Eiche, Lärche oder die Fichte gewachsen ist. Mittels eines Vergleichs mit vorhandenen Jahrmustern kann nun mit einer grossen Genauigkeit das Jahr des Fällens bestimmt werden.

Dies wiederum ist allerdings noch kein Hinweis auf die Datierung der Konstruktion der Baumtrotten. Meist schnitzt der Trottenbauer das Jahr des Bauens markant in den Trottbaum. Die dendrochronologischen Untersuchungen zeigen, dass der Eichenstamm bis 200 Jahre am Lager liegen konnte, bis eine Verwendung dafür gefunden wurde. Gute Holzstämme waren oft auch Erbstücke oder Teil einer Mitgift.

Wenn keine Bohrungen möglich sind, kann ein Vergleich von sichtbaren Jahrringen nähere Auskunft über das Fälljahr des Baumes geben.

Eine 2. Jahrzahl finden wir oft an der Spindel eingeschnitzt. Das wiederum muss überhaupt nicht identisch sein mit der Jahrzahl des grossen Baumes. Die Spindel ist der sensibelste Teil am sonst so soliden Bauwerk. Unsachgemässes Arbeiten mit roher Gewalt oder das Anschlagen an der Wand führte nicht selten zu Rissen oder sogar zu Totalschaden.

Untersuchungen am Unterbau von Baumtrotten zeigen im Weiteren, dass vielfach vorhandenes Holz von früheren Pressen oder von einem Dachstuhl für den Aufbau eine neue Verwendung fanden.

Eine der bestuntersuchten Baumtrotten ist der Torkel vom Museum Torculum in Chur.

1

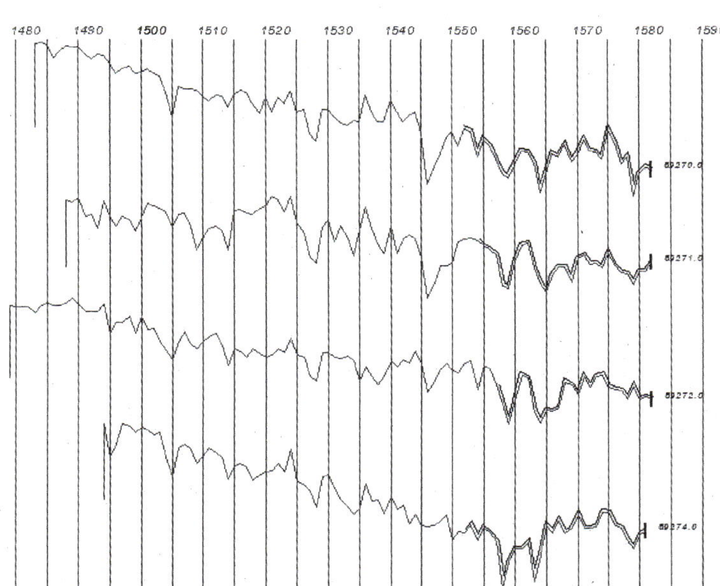

[1] Kurvendeckungsbild der datierten Lärchen, Neubruchtorkel, Chur.

Die Untersuchungen in Chur zeigen, dass die Balken für die Decke des Gebäudes ungefähr auf das Jahr 1582 datiert werden können. Beim Torkelbaum aus Fichtenholz ergab sich das Fälljahr 1609. Das zusätzliche Gewicht auf dem Trottbaum wurde wohl aus einem Eichenbaum gesägt. Das hintere Joch zeigt das Fälljahr 1623.

Für eine genaue Datierung des Aufbaus des Torkels im Torkelgebäude müssten die Mauern genauer untersucht werden.

Kriegswirren in Chur haben zu verschiedenen Neuaufbauten mit alten, gebrauchten, aber auch neuen Balken geführt. Mit Sicherheit ist das verwendete Holz bei diesem Torkel nur kurze Zeit gelagert worden.

Alle Angaben in den Bildern sind Berichten des Archäologischen Dienstes des Kantons Graubünden entnommen. Viele bestehende Torkel im Kanton sind bestens untersucht worden. Meist konnten sogar verschiedene Balken unter dem Presstisch detailliert datiert werden.

Eine Geschichte über die Herkunft einer Trotte

Nicht immer steht der Trottbaum dort, wo er ursprünglich gebraucht wurde – Rebbau und Trotten in Zürich-Unterstrass.

Ein Prunkstück im Weinbaumuseum auf der Halbinsel Au ist die grosse Trotte, die fast das ganze Erdgeschoss einnimmt. Bis jetzt wusste man nur, dass vier Weinbauern aus Rorbas sie im Jahr 1871 in Unterstrass gekauft hatten. Wieso gab es in Unterstrass Trotten und wer benutzte diese Riesenpresse?

An den Ausfallstrassen Zürichs nach Schaffhausen und Winterthur entstanden die bis ins Jahr 1893 selbständigen Gemeinden Unterstrass und Oberstrass [1]. Die Gemeinde Unterstrass gliederte sich in zwei ungleiche Flächen: Die tiefergelegenen, steilen Hänge gegen die Limmat waren mit Reben bepflanzt, die flacheren Gebiete des oberen Teils waren Äcker und Wiesen. In Unterstrass lebten 1799 nur 365, in der Stadt Zürich 10 000 Einwohner.

Der Rebbau

Im Jahr 1801 betrug die Rebfläche von Unterstrass 24,1 ha. Der Wein konnte wie Korn gelagert und gehandelt werden und diente als Zahlungsmittel. Grundzinsen und auch die Besoldungen von städtischen Beamten wurden weitgehend mit Wein und Korn abgegolten. Der Rebbau ergab auf der gleichen Fläche höhere Erträge als der Ackerbau. Nach dem Steuerinventar der damaligen helvetischen Regierung betrug der Durchschnittspreis für eine Jucharte Rebland in Unterstrass 1336 alte Franken, während für das Ackerland nur 401 Franken berechnet wurden. Es ist verständlich, dass bei Erbteilungen niemand auf Rebland verzichten wollte. So entstanden kleine Parzellen. Die durchschnittliche Grösse betrug 1,2 Jucharten. Von den 88 Grundeigentümern in Unterstrass besassen 50 Reben und etwas Acker- und Wiesland. Es gab keine reinen Rebbetriebe, denn für die Selbstversorgung waren alle auf Acker- und Wiesland angewiesen.

An den besonnten Hängen gegen die Limmat besassen einflussreiche Stadtbürger Landgüter, zu denen auch Rebparzellen gehörten. Am meisten Reben besass David Hess im Beckenhof mit 6 ¼ Jucharten, umgerechnet 1,8 ha, und der Gerichtsherr Orell in Zürich mit 4 ¼ Jucharten. Alle anderen Betriebe waren kleiner.

1

[1] Ausschnitt aus «Grundriss der Stadt Zürich», gezeichnet 1788–1793 von Johannes Müller. Die untere Strasse führte vom befestigten Stadtrand (heute Central) nach Schaffhausen. Von ihr zweigte parallel zur Limmat der Engweg ab (heute Wasserwerkstrasse). Links unten die Häuser oberer und unterer Engweg.

Herkunft der Trotte im Weinbaumuseum

Während des «Ancien Régime» pressten die städtischen Ämter die Zehntenweine in ihren Trotten. Nur wenige Weinbauern besassen eine eigene Einrichtung. Nachdem sich nach 1798 die rechtlichen Verhältnisse grundlegend verändert hatten, begannen immer mehr Betriebe selber zu pressen. Nach der helvetischen Statistik von 1801 standen in Unterstrass acht Trotten im Gebrauch, elf Jahre später waren es dreissig [2].

Als nach dem Jahr 1830 zahlreiche Fabriken am Ufer der Limmat gebaut wurden, entstanden zuerst an den Ausfallstrassen, dann auch an den Abhängen Wohnsiedlungen für die Arbeiter [2/3].

Das Rebland wurde zu Bauland. Heute erinnern nur noch Strassennamen wie Weinbergstrasse und Weinbergfussweg an den Rebbau. Die Trotten wurden nicht mehr gebraucht, die Gebäude abgebrochen, das Trottwerk oft als Holz verkauft.

Als im Jahr 1870 in Rorbas zwei Wohnhäuser mit Trottengebäude und Trotte abbrannten, erwarben vier Weinbauern die «Untersträssler Trotte» als Ersatz. Seit 1812 hat die kantonale Feuerversicherung im sogenannten Lagerbuch sämtliche Gebäude mit Angabe ihres Zwecks und des geschätzten Werts aufgezeichnet. Welche der dreissig in Unterstrass aufgeführten Trotten gelangte über Rorbas ins Weinbaumuseum Wädenswil?

Zwanzig davon kommen nicht in Frage, weil es sie 1871 gar nicht mehr gab. Sechs waren auch danach noch in Unterstrass in Betrieb, können also nicht nach Rorbas verkauft worden sein. Über die restlichen vier hier einige Angaben, die eventuell eine Entscheidung ermöglichen:

Nr.	eingetragen bis *	Wert (Fr.)	Adresse	Besitzer 1812
13a	1864–76	200.–	Stampfenbachstrasse	Jakob Keller
18b	1864–72	700.–	Wasserwerkstrasse	Salomon Rieder
37b	1864–83	800.–	Spanweid	Jakob Landolt
45	1872	400.–	Rötelstrasse	Kaspar Ammanns Erben

*vielfach vergehen Jahre zwischen dem letzten Versicherungseintrag und dem Vermerk: «geschlissen» oder «abgetragen».

2

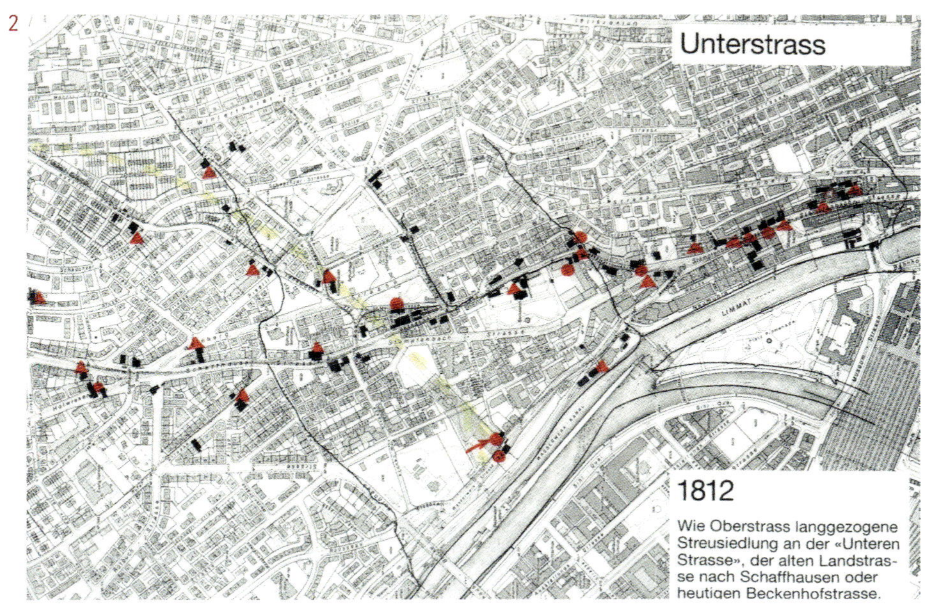

[2] Der Landschaftswandel von Unterstrass 1812 und heute. Grau: die Überbauung heute (um 1993). Schwarz: Gebäude, die schon 1812 bestanden. Rot: 8 Trotten, die 1801 im Gebrauch waren, und 22 Trotten, die zwischen 1801 und 1812 neu erstellt wurden. Roter Pfeil: Trotte am oberen Engweg. Gelb: Lage des Autobahntunnels.

Die Hoffnung, eine dieser Pressen könne auf den ersten Blick als die Museumstrotte identifiziert werden, erfüllte sich nicht. Da es sich um eine grosse Trotte handelt, kann man aber wohl die zwei tief eingeschätzten Nummern 13a und 45 ausschliessen. Damit bleiben noch zwei Möglichkeiten:

Die Trotte der Spanweid von Zimmermann Ott

Die vom Siechen- und Pfrundhaus Spanweid für den Lehenmann Landolt angefertigte Trotte ist sehr gut dokumentiert. Im Grundprotokoll, dem Vorläufer des heutigen Grundbuchs, lässt sich die Pächtersfamilie Landolt bis in die Entstehungszeit der Trotte zurückverfolgen.

Die Entstehung dieser Trotte ist schriftlich belegt. In der Spanweid-Rechnung von 1760 findet sich unter «verbuwen» eine Zahlung an Zimmermann Ott «zu des Lehenmann Landolten Trotte, mit Einwilligung meines gnädigen Herren Junker Obmann Schwerzenbacher»:

- Zimmennann Ott, in die Spanweid u. Rösli-Baad. 119 Schuh «träm holts» à 2 Schilling 8 Haller, 209 Schuh Riegelholz à 2 Schilling 4 Haller.
- Zu des Lehenmann Landolten Trotten ist gebraucht 19 Schuh Eichenholz à 34 Schilling, 21 Schuh dito à 30 Schilling dazu weiteres Eichenholz: 9 Schuh à 30 Schilling, 5 Schuh à 10 Schilling.

Angaben über die Kosten der Museumstrotte würden vermutlich ähnlich lauten, die Länge des Trottbaums würde aber zirka 37 Schuh betragen. Dass die Rechnung ein Jahr vor der Datumsangabe auf dem Trottbaum [2] aufgestellt wurde, könnte man sich allenfalls vorstellen, dagegen ergeben die Buchstaben «HW» keinen erkennbaren Sinn. Der Pächter heisst Landolt, der verantwortliche Obmam Schwerzenbacher, der Zimmermann Ott.

Die Trotte am oberen Engweg

Damit bleibt als letzte Möglichkeit die private Trotte am oberen Engweg, heute Wasserwerkstrasse.

Das unterhalb der Spanweid gelegene Gebiet gehörte im 17. Jahrhundert zum grossen Teil der Zürcher Stadtbürger-Familie Lavater. Im Laufe der Zeit erlangten Familien aus Unterstrass durch Kauf oder Erbgang einzelne Teile davon: Leupold, Ammann, Hermatschweiler; 1760 Siegmund Spitteler im oberen Engweg.

Im Jahr 1763 erwarb Heinrich Ammann, Seckelmeister von Unterstrass, zusätzlich zum ererbten väterlichen Hof «unterhalb der Spanweid und uf dem Riet» den oberen Engweg für 4600 Gulden. Dieser umfasste: Behausung, Hofstatt und Waschhaus, gegenüber Scheune, Trotte, Garten, ein Mannwerk Wiesen, zwei Jucharten Reben.

[3] Am Ufer der Limmat entstanden Fabriken, die die Wasserkraft ausnutzten; an der unteren Strasse Wohnhäuser.

[4] Länge des Trottbaumes 12 m, Gewicht 23 t.

Belastungen: Schuldbriefe von Spitteler über 800, 1500 und nochmals 1500 Gulden.

Im Kaufvertrag wird Ammann als «Züger» bezeichnet, er besass also schon vorher irgendwelche rechtlichen Ansprüche auf diesen Hof, seien es Servitute oder Guthaben, die allerdings nicht im Grundprotokoll eingetragen sind. Neben Ammann war auch seine Verwandtschaft in diesen Kauf involviert. Heinrich Ammann heiratete nämlich kurz vor dem Kauf die Witwe des Heinrich Hermatschweiler, Gesellenwirt in Unterstrass. Dessen Bruder Hans Rudolf Hermatschweiler war Untervogt von Unterstrass und heiratete im Jahr 1760 Barbara Wild, eine reiche Witwe. Dies würde die Buchstaben «HW» als Allianz-Monogramm erklären [4].

Man kann sich vorstellen, dass diese Gruppe am Erwerb einer grossen Trotte interessiert und dazu auch imstande gewesen wäre. Heinrich Ammann erwarb dank einer Mitgift und Beziehungen das Land, Hans Rudolf Hermatschweiler hätte mit Hilfe seiner Frau die Trotte bauen lassen und sein 1761 verstorbener Bruder Heinrich, der Gesellenwirt, hätte die nötigen Kenntnisse eingebracht.

Ein weiteres Indiz weist auf den Zimmermann Ott hin, den Erbauer der Spanweid-Trotte. Judith Ott, geborene Schmid von Unterstrass, war Patin von Judith, der zweiten Tochter des Ehepaars Hermatschweiler-Wild.

Der überschuldete Enghof

Die nachfolgenden Einträge im Grundprotokoll sind für die Besitzer eher unerfreulich. Im Jahr 1768 erstellte Heinrich Ammann am gleichen Tag drei Schuldbriefe. Alle Kreditoren sind Frauen, Unmündige und Verwandte.

- 300 Gulden an Verena Grau in Dietikon
- 1000 Gulden an Barbara und Margaretha Rinderknecht, Stieftöchter des Geschworenen Hermatschweiler
- 2000 Gulden an Heinrich Hermatschweiler, den achtjährigen Sohn des verstorbenen Gesellenwirts und Stiefsohns Ammanns, vertreten durch seinen Vormund, Untervogt Hans Rudolf Hermatschweiler.

Zusammen mit den noch bestehenden Schuldbriefen des vorherigen Besitzers von zweimal 1500 Gulden war der Hof überschuldet, es kam zum «Auffall», das heisst, zum Konkurs.

Der grösste und letzte Schuldbrief berechtigt «zum Zug», das heisst, zur Übernahme der verpfändeten Liegenschaft samt den darauf liegenden Schulden. Im Jahr 1775 machten Heinrich und Hans Rudolf Hermatschweiler Gebrauch vom Zugrecht. Für total 6065 Gulden übernahmen sie die Liegenschaft inklusive Schulden.

Im Jahr 1777 verlangt die Vormundschaftsbehörde einen schnellen Verkauf des Engwegs. Ein Käufer wird 1779 gefunden. Michael Schlatter aus Thal (SG) kauft alles für 5600 Gulden. Haus und Waschhaus, gegenüber Scheune, Trotte, Garten, Wiesen und Reben. Dazu kommt «eine Gerechtigkeit in Holz und Feld, wie ein anderer Gmeindsgenoss an der untern Strass», das heisst, er erwarb vollen Anteil an der Allmend.

Ferner: «Ein Mannen- und ein Weiberort samt einem Ablass-Stühli», das sind zwei reservierte Plätze und ein Klappsessel in der Kirche Wipkingen.

Michael Schlatter zahlte vom Kaufpreis 1600 Gulden bar in zwei Raten und stellte einen Schuldbrief über 4000 Gulden aus, der erst im Jahr 1817 vom damaligen Besitzer des Engwegs abgelöst wurde. Die detaillierte Abrechnung der Vormundschaftsbehörde ergab einen Verlust von je 139 Gulden und 16 Schilling für Vormund und Mündel Hermatschweiler.

Der einzige Beweis, dass auch Dritte Rechte an dieser Trotte hatten, findet sich im Grundprotokoll von 1782. Michael Schlatter kaufte von seinem Nachbarn Hans Caspar Müller ein Grundstück mit Wiesen und Reben, das mit einem Trottrecht an seiner eigenen Trotte verbunden war.

[5] Das Landhaus von Martin Escher am unteren Engweg, rechts das Bauernhaus am oberen Engweg, zu dem die Trotte gehörte.

Die Weinschenke

Nach Michael Schlatters Tod verheiratete sich seine Witwe mit Salomon Rieder aus Höngg. Zum Schutz der drei und fünf Jahre alten Söhne Schlatters wurde 1788 ein sehr genaues amtliches Inventar aufgenommen. Es listet unter anderem auf:

- 51 Eimer Wein (5667 Liter),
- Fässer für 189 Eimer mit Eisen gebunden,
- Fässer für 22 Eimer mit Holz gebunden (total Fässer für 23320 Liter),
- 10 Tische und 31 teils alte, teils neue Sidelen (Stabellen), ferner Trottenzubehör. Trotthaus samt Trottwerk sind im Betrag «liegende Güter» enthalten.

Das ganze Vermögen blieb Eigentum voll Michael Schlatters Söhnen, wurde aber ihrem Stiefvater Salomon Rieder als erneuerbares Lehen (Pacht) zur Bewirtschaftung übertragen. Der grosse Weinvorrat und die vielen Fässer lassen eine Kundentrotte oder einen Weinhandel vermuten, Tische und Stühle sowie zahlreiche Gläser und Kannen deuten auf ein Wirtshaus.

Das trifft offensichtlich zu; in einem Verzeichnis aller steuerpflichtigen Wirtschaften ist Salomon Rieder von 1805 bis 1817 als Betreiber einer Weinschenke eingetragen.

«Güterzusammenlegung»

Im Jahr 1817 verkaufte Johannes Schlatter den oberen Engweg an Baumeister Vögeli, der bereits 1816 den unteren Engweg von Witwe Irminger erworben hatte.

Direktor Martin Escher kaufte 1822 beide Güter und liess sich im unteren Teil ein Landhaus bauen [5]. Trotthaus und Trottwerk blieben bestehen und wurden bis ins Jahr 1864 zu wechselnden Schätzungen versichert. Vermutlich wurden die Prämien weiterbezahlt, unabhängig davon, ob die Trotte in Betrieb war oder nicht.

Im Jahr 1870 starb Martin Escher. Im darauffolgenden Jahr wurde für seine Tochter Pauline Escher auf dem benachbarten Grundstück die Villa «Heimweg» gebaut. Etwas später folgte das heute noch bestehende Schindlergut für die andere Tochter, Sophie Luise Schindler-Escher.

Erst 1872 findet sich mit anderen Änderungen der Vermerk: Trottwerk abgetragen, nicht «geschlissen», was für einen Verkauf spricht. Eine Verbindung zu Rorbas gibt es leider nicht.

Der Artikel erschien in der Fachzeitschrift Obst und Wein Nr. 18/03 von Elisabeth und Samuel Wyder, Forch.
Ein Portrait von Samuel Wyder ist auf Seite 224 zu finden.

Torkel
Ostschweiz

GRAUBÜNDEN · FÜRSTENTUM LIECHTENSTEIN · ST. GALLEN · THURGAU

In diesen 4 Weinbaugebieten der Ostschweiz und des Fürstentums Liechtenstein werden die alten Baumpressen Torkel genannt. Fürstbischöfe, Klöster und Fürste liessen in diesen zahlreich vorhandenen Torkelgebäuden die Trauben pressen, um geordnet ihren «Zehnten» einzufordern. Dazu wurde eigens ein Torkelmeister gewählt, dem die Landeigentümer zutrauten, dass er gerechte Steuern einfordere. Gerade im Gebiet dieser Torkel sind die grössten, längsten und wohl schwersten Baumpressen anzutreffen. In Altstätten SG und Chur GR stehen dabei wohl die mächtigsten Zeitzeugen. Noch heute werden in diesen Weinbaugebieten regelmässig Spezialabfüllungen mit den alten Torkeln von Berneck und im Schlossgut Bachtobel in Weinfelden gepresst.

Torkel Schlossgut Bachtobel in Weinfelden.

Der untere Neubruch-Torkel · Weinbaumuseum Torculum · Chur

Schillerndes aus längstem Fichtenholz

Im Museums- und Eventraum Torculum in Chur steht einer der grössten Torkel der Ostschweiz. Dieses historische Bauwerk gehört zu den besterforschten Baumpressen der Ostschweiz. Kein Balken wurde an diesem Torkel verbaut, der nicht mit genauem Jahrgang des Fällens belegt ist. 9 Proben der historischen Holzkonstruktion wurden dendrochronologisch untersucht. Weitere 9 Proben sind von der Dachkonstruktion gemacht worden. Älteste Nachweise konnten bis 1581 zurückdatiert werden. Der grosse Pressbalken des Torkels ist ein seltenes Unikat. Hier wurde im Jahre 1604 Fichtenholz benutzt. Mit fast 15 Metern Länge ist es die wohl längste Baumpresse der Ostschweiz. Dieses riesige hölzerne Meisterwerk bringt immerhin 42 Tonnen auf das zu pressende Traubengut.

Ein weiteres Unikum zeigt uns die örtliche Geschichte. Mit diesem erhaltenen Torkel wurden nur Trauben für die Produktion von Schillerweinen verarbeitet. Einerseits die römischen Sorte Elbling, anderseits die Sorte Pinot Noir (Blauburgunder), die der Botschafter Frankreichs in Graubünden, Herzog Duc du Rohan, mit seiner Armee in der Zeit von 1631-1635 in die Region gebracht hat. Schillerweine sind regional noch heute sehr beliebt. Mittlerweile wird die Sorte Elbling durch die aktuelleren Sorten Chardonnay oder Pinot gris ersetzt. Im Unteren Neubruchtorkel hat die Besitzerfamilie Aebli letztmals 1962 «getorkelt».

Am 2. August 1971 hat die Stadt Chur das Gebäude mit allem Torkelgeschirr erworben. Noch heute wird das Museum von einer rebbaulich beseelten städtischen Angestellten mit Leben und Fachwissen verwaltet.

Neuste Berechnungen zu den Gewichten des Torkels und den Kräften, die auf das Pressgut wirken. (Berechnungen durch den Archäologischen Dienst Kanton Graubünden)

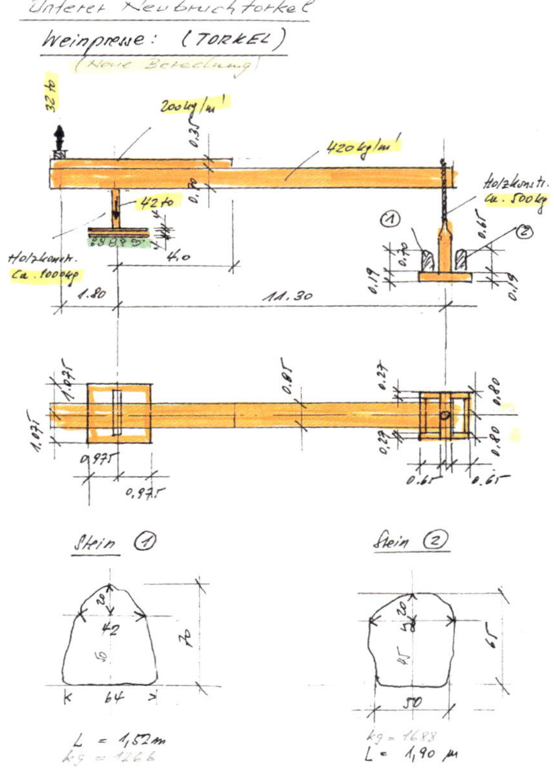

Das Weinbaumuseum Torculum gehört heute zu den modernsten Museen dieser Art. Das Gebäude wurde gekonnt nach besten architektonischen und denkmalschützerischen Grundsätzen renoviert. Ein innenarchitektonisches Team hat dem Raum Licht geschenkt und die unzähligen Sammlerstücke reduziert. Das Museum zeigt sich modern und präsentiert elektronisch viele Arbeiten, die früher den Raum beseelten. Das Museum ist heute ein Eventlokal mit starkem Bezug zur örtlichen Weinbaukultur. Immer noch Platz finden historische Geschichten, die von örtlichen Spezialisten erzählt werden.

Das Weinbaumuseum Torculum zeigt einige Trouvaillen, die selten in Museen zu finden sind.

Links ist eine Schutzweste für den Träger bei der Traubenernte zu sehen [1]. Diese Träger waren bezahlt je Menge an Brännten, die zum Fuhrwerk getragen wurden. Dabei drückten oft einmal bis 40 kg Trauben auf den geschundenen Rücken. Das Museum Torculum hat eine weitere Eigenart zu präsentieren. Die Ecken sind abgerundet. Warum auch immer. Hier gibt es ein offenes Feuer, um die Kellerburschen zwischen einem Pressendruck wieder aufzuwärmen [2]. Das rechte Bild zeigt einen Schwefel-Wedel, der im Rebberg zur Bestäubung der Rebstöcke mit Schwefelpulver gegen die Rebkrankheiten gebraucht wurde [3].

1

2

3

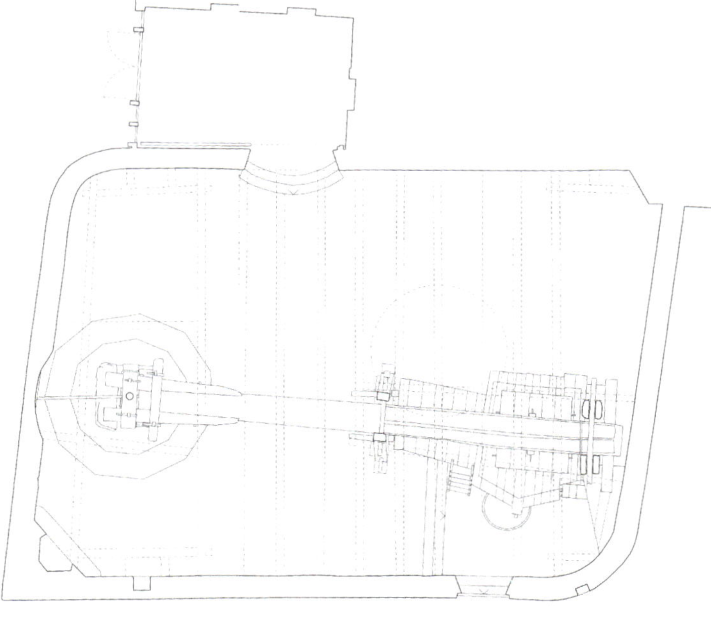

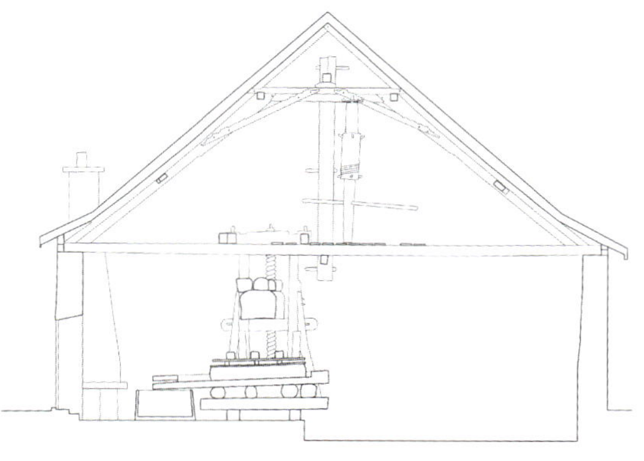

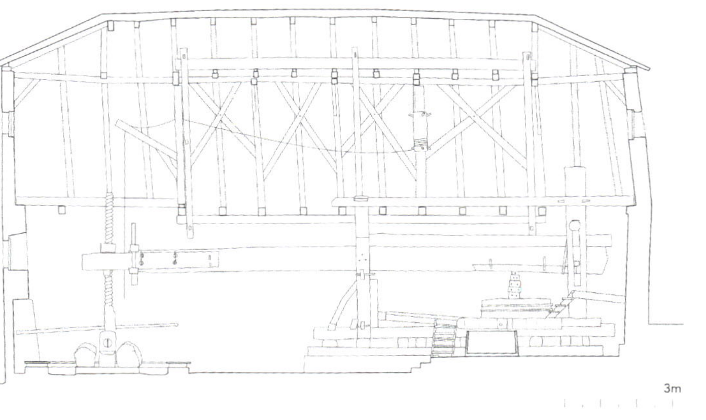

Pläne: Collomb Architekten, Chur

Katz-Torkel · Chur

Die Ästhetik von Arbeit und Alter

Das älteste Kloster nördlich der Alpen, das im 8. Jahrhundert gegründete Benediktinerinnenkloster Cazis, hat bereits im 15. Jahrhundert Rebberge in Chur unterhalten. Die Ländereien bekamen den Namen Katz. Das Spiel mit dem ‹K› und ‹C› führte natürlich immer wieder zu Verwirrungen bei der Namensgebung des Torkels. Natürlich nichts zu tun hat der Torkel mit einer Katze, auch wenn die historischen Aufzeichnungen eines Vorfahren des heutigen Mit-Besitzers mit einer markanten schwarzen Katze geschmückt sind.

Der Ortsnamen Cazis kommt aus dem rätoromanischen ‹Cazas› bzw. ‹Tgazas› = Schöpfkelle. Das weist auf die muldenartige Ortslage des Dorfes hin.

Dendrochronologische Untersuchungen zeigen, dass Teile der Baumtrotte auf das Jahr 1394 zurückdatiert werden können. Und irgendwie zeigt der massige Baum auch diese lange Geschichte einer kraftraubenden Pressarbeit.

Das Torkelgebäude wird nach dendrochronologischen Untersuchungen aufs Baujahr 1601 datiert. Ob damals um den bestehenden Torkel herum ein Gebäude gebaut wurde oder ob ein alter gebrauchter Torkelbaum den Weg ins neue Gebäude gefunden hat, ist historisch kaum mehr zu erforschen. Einige der verbauten Hölzer an der Trotte lassen vermuten, dass dieser Torkel bereits Ende des 14. Jahrhunderts Pressarbeit geleistet hat.

Der Trottbaum des damaligen Klostertorkels strahlt kein Zeichen von Reichtum aus. Diesem Kulturgut des früheren Rebbaues fehlt die Gabelung zweier Äste, um die Kraft der Spindel in der Höhe zu verändern. Der Torkelbauer musste den Baum mit kleineren Balken verlängern. Die Technik der Verbindungen von Holzkonstruktionen strahlt einen eigenen Charme aus. Diese Freude sprang wohl auch auf den Schlossermeister über, welcher der Konstruktion immer wieder mit einem massiven Eisenband zu Stabilität verhalf. Die Vielfalt der verschiedenen verwendeten Hölzer (Lärche, Weisstanne und Eiche) und dementsprechend auch die Vielfalt der Zeitpunkte des mutmasslichen Holzschlages lassen vermuten, dass im Laufe der Zeit viele Reparaturen nötig wurden. Vielleicht ist gerade die im Jahre 1394 vorhandene Astgabel gebrochen und mit Balken aus dem Jahre 1823 ersetzt worden.

1

[1] Ein Bijou im urbanen Umfeld von Chur.
[2] Hohe Kunst des Torkelbaues.
[3] Abbeermaschine der letzten Benutzer.

2

3

1

[1] Jeder Stein zählt.
[2] Jedes Stück Holz erzeugt Kraft.
[3] Naturbelassene Balken.
[4] Ein Stück Geschichte.

2

3

4

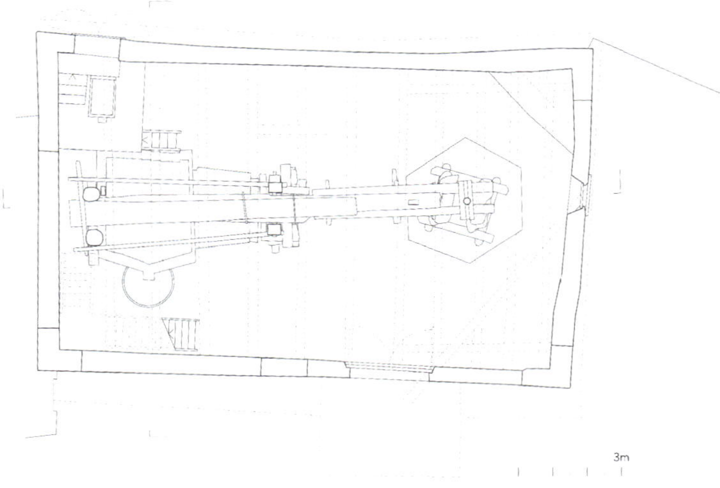

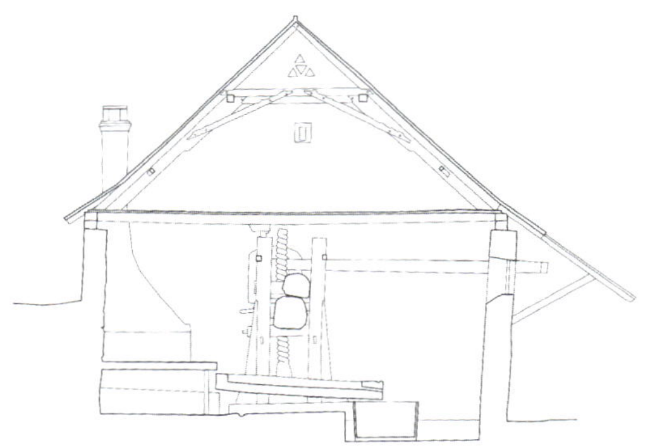

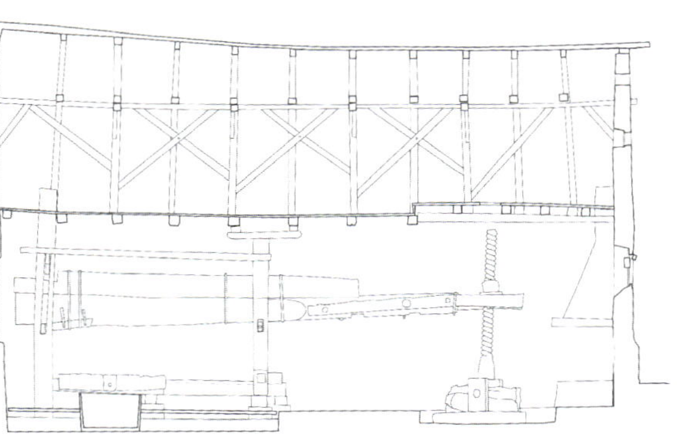

Pläne: Collomb Architekten, Chur

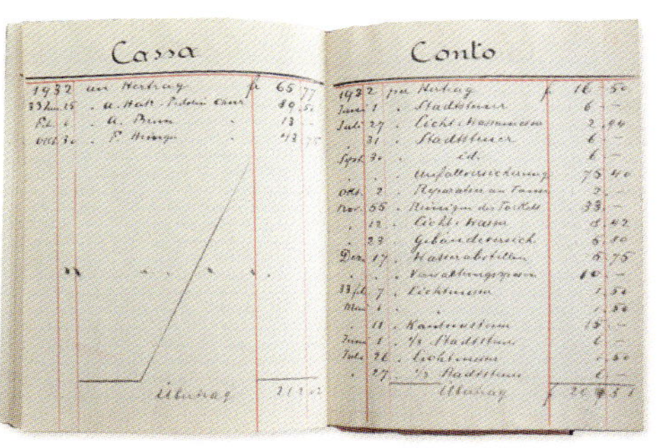

6

Und mitten in den Verstrebungen scheint sich ein unbearbeiteter Eichenstamm wohl zu fühlen. Hier eine Verstrebung, dort eine zusätzliche Verbindung. Der Torkel hat bis in die 1960er Jahren wertvolle Arbeit verrichtet – bis die damalige Pächterin, die Firma Cottinelli, eine moderne hydraulische Korbpresse der Firma Bazzi installierte.

Der heutige Mit-Besitzer des Torkels mit Rebberg in der Stadt Chur ist in der 5. Generation mit dem Rebbau und dem damaligen Weinhandel von Veltlinerweinen verbunden. Als früherer Denkmalpfleger der Stadt und des Kantons St. Gallen ist ihm die Erhaltung weinbaulicher Kulturgüter ein grosses Anliegen.

Allein das ehrwürdige Gebäude in einer Umgebung reger Bautätigkeit im Wert und in der Stabilität zu erhalten, ist eine schwierige Generationenaufgabe. Im Moment messen feinfühlige Sensoren die Erschütterungen aus der Umgebung – die Geister der Vorfahren sind gebeten, sich im Moment ruhig zu verhalten.

Das Gebäude hat offenbar schon vor Jahrzehnten einmal Risse erhalten. Mit einer kunstvoll angebrachten Verstrebung wurde ein quer durch das Gebäude verlaufender Balken verankert. Das Gebäude ist ein Lehrstück in der alten Kunst des Improvisierens. Auch in Zeiten von Corona war Improvisation gefragt. So wurde der Torkel von einer dicken Staubschicht befreit und gewissermassen als Konzertraum neu entdeckt. Hier fanden in den Jahren 2020 und 2021 ganz aussergewöhnliche Klang- und Raumerlebnisse statt. Und siehe da, auch in akustischer Hinsicht überzeugte das alte Gemäuer.

Ein Foto um 1900 [5] zeigt schön, wie der Torkel mitten in den Reben steht und schon damals an das Wohnhaus angebaut war. Deutlich sichtbar ist das ungewöhnlich grosse Tor am Wohnhaus. Es könnte ein Hinweis dafür sein, dass sich hier allenfalls eine Fassküferei (Werkstatt für die Herstellung von Fässern und Traubenstanden) befunden hat.

Ein wertvolles Buch [6] mit Aufzeichnungen über Anteile am Torkel, abgabefreie Torkelrechte sowie Steuern und Abgaben. Diese Aufzeichnungen wurden von Daniel Hatz, dem Grossvater des heutigen Besitzers, zusammengetragen. Als Weinhändler und Rebbesitzer interessierten ihn die Jahresvergleiche im Rebberg und Keller, aber auch vielerlei Beobachtungen in der Natur.

5

Brändli-Torkel · Chur

Doppeldecker mit hölzerner Kellerbuchhaltung

Der Brändli-Torkel zeigt mit jedem verbauten Balken, dass hier ein grösstmögliches Gewicht angestrebt wurde, um dem Pressgut den Saft zu entlocken. Ein zweiter Stamm aus Fichtenholz wurde mit Eisenbindern auf den Hauptbaum geladen und befestigt. Die Erbauer wählten damals nicht einen Stamm mit kurzen Gabeln. Vielmehr wählten sie einen Baumstamm, dessen Gabeln mehrere Meter lang parallel wuchsen, um sich dann zu trennen für die Arbeit mit der Spindel. Bei diesem Torkel sind der Esel und der Nagel nicht verschiebbar. Hier arbeitete man mit dem Hebelverfahren, um das Gewicht auf den Trester zu senken. Der Presskorb ist neueren Datums. Die Vorzüge des Korbes wurden erst später erkannt.

Der Torkelbaum ist aus Fichtenholz. Dendrochronologische Untersuchungen des Holzes für das Gebäude zeigen ein Fälldatum um das Jahr 1600. Die Schlagjahre der Stämme der Baumtrotte verteilen sich auf die Jahre 1598–1603, d.h. sie wurden 2–3 Jahre später aufgestellt.

Der Brändli-Torkel gehörte einigen Winzern gemeinsam, die hier ihre Trauben aus den Churer Wingerten pressten. Die Familien Braun, Herold und von Tscharner pressten teilweise bis 1980 auf diesem technischen Wunderwerk. Die mit Kreide aufgezeichnete grosse Buchhaltung der Oechslegrade und der Mengen zeigt, dass noch bis zur Jahrhundertwende in diesem Torkel Trauben kontrolliert und gewägt wurden. Heute ist im Torkel Ruhe eingekehrt. Es bestehen Pläne, diesen Torkel zu einem Begegnungszentrum der nahen Überbauung auszubauen. Anteile am Pressrecht sind inzwischen in andere Hände übergegangen.

Das schöne, historische Gebäude liegt in Sichtnähe zum Katz-Torkel und zu einem modernen Rebberg mitten in der Stadt Chur. Efeu verleiht dem Gebäude die Aura des Geheimnisvollen.

Die Churer Winzer gehören zu den letzten der Schweiz, die für ihre Trauben noch den letzten Sonnenstrahl für die Reife ausnutzen wollen. Wenn die Ernte dann eingebracht wird, ist es draussen bereits kühl und oft schon frostig am Morgen. Die Feuerstelle im Torkel ist gebaut, um der Hefe die notwendige Temperatur für eine ordentliche Gärung zu verschaffen. Sicher konnten auch die Kellergesellen von einer wärmenden Ecke profitieren, wenn die Presse unter Druck stand.

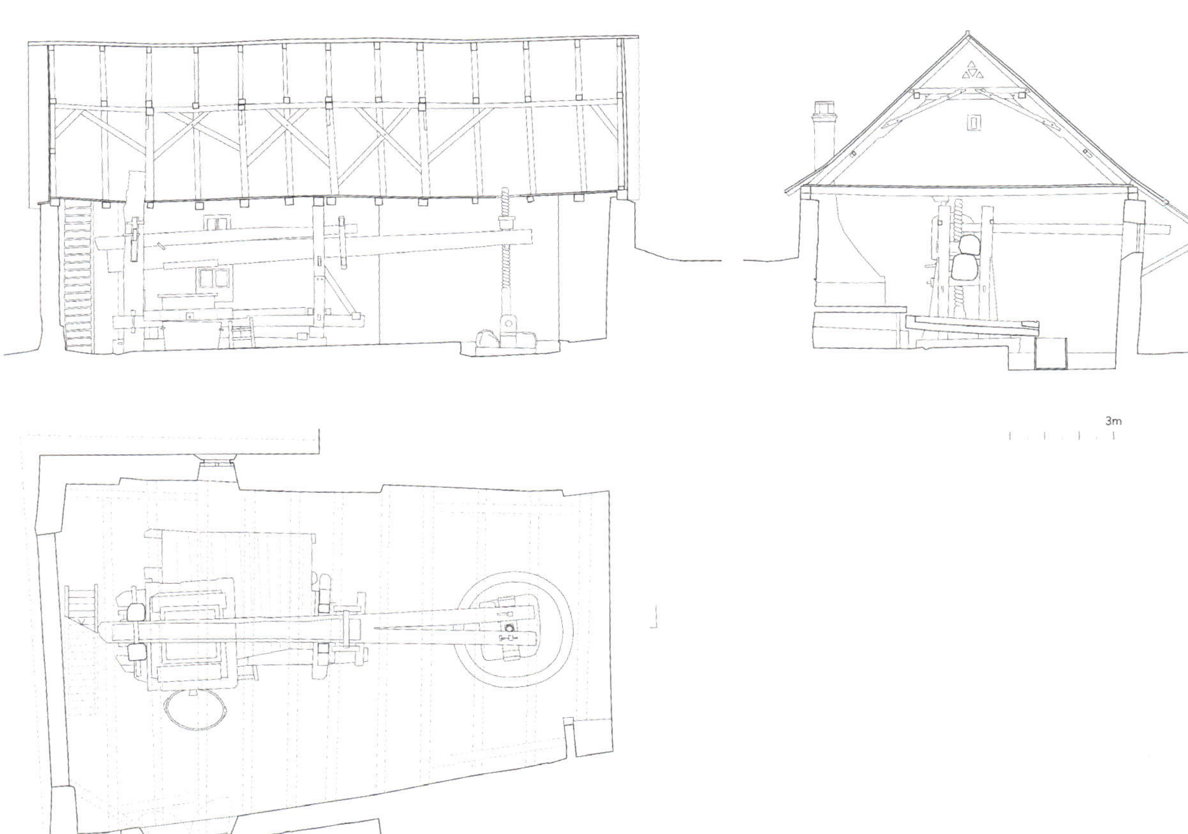

Pläne: Collomb Architekten, Chur

Torkel · Zizers

Erste Liebe im fürstlich-bischöflichen Torkel

Manch ein Zizerser weiss eine persönliche Geschichte über den Torkel im alten Dorfteil von Zizers zu erzählen. Lange Jahre war das Torkelgebäude Treffpunkt der örtlichen Jugend und wohl auch verbunden mit zahlreichen Begegnungen fürs Leben.

Das Torkelgebäude gehört zu einer historischen Häuserzeile und auch zum gegenüberliegenden Schloss (im früheren Besitz von Rudolf von Salis) mit dem dazugehörenden Bedienstetenhaus. Während das Gebäude vermutlich um 1680 entstand, zeigen die eingeschnitzten Jahrzahlen auf dem Torkelbaum das Jahr 1754. Zwei Schwestern schenkten die historischen Gebäude 1947 dem Bischof von Chur. Nicht verbürgt ist wohl der Zweck der Schenkung. Vorteile im Himmel oder anstehende Verpflichtungen bei Renovationsarbeiten. Heute sind der Torkel und das Bedienstetenhaus im Besitz der Familie Thomann. Da der örtliche Weinbau wenig Interesse zeigt an der Nutzung des Raums und der Torkelpresse, steht dem Gebäude ein grösserer, werterhaltender Umbau bevor. Ob der mächtige und gut erhaltene Trottbaum darin eine Verwendung findet, ist im Moment noch nicht klar. Der jetzige Besitzer, der designierte Präsident des Weinbaumuseums Torculum in Chur, bürgt ideell für die Suche nach einer Lösung für den weinbaulichen Zeitzeugen.

Das Torkel-Gebäude [2] zeigt im oberen Stockwerk eine besonders schöne Dachkonstruktion und den daran aufgehängten Boden für den Lagerraum. Im Dachraum fehlen darum Stützen – so wird dieser zu einer grosszügigen Fläche.

Während aus der Zeit des Jugendkellers eine Toilettenanlage vorhanden ist, zeigen Überreste einer Laube unter dem Dach, dass die Bewohner des angebauten Wohnhauses in hoher Höhe den Weg zum Aussen-Abort benutzen mussten.

[1] Oberes Schloss Zizers (von Rudolf von Salis). Fassadenmalereien sind italienischen Palazzi nachempfunden.

1

2

Kronen-Torkel · Malans

Es war einmal …

Millionen Liter von Apfel- und Birnensaft, aber auch edler Malanser Weisser und Roter wurden mit dem Baumtorkel im Keller des renommierten Gasthofes Krone in Malans gepresst. Über 150 Jahre lang, seit 5 Generationen im Besitze der Familie Boner, hat der mächtige Nussbaumstamm aus den Wäldern bei Walenstadt bis 1963 seine ganze Kraft ins Pressen gesteckt. Und, als wäre es ein junger Kerl, könnte das historische Presswerk jederzeit die Arbeit wieder aufnehmen, sollte der Strom aus der Steckdose einmal versagen.

Der doppelstöckige Trottbaum besteht aus einem 300-jährigen kleineren Baum und einem später dazu verbauten grösseren Stamm. Zusammen vermögen sie mit dem hängenden Stein eine Kraft von 18 Tonnen auf den Trester aufzubauen.

Viele alte Gerätschaften weisen auf eine reiche Tradition dieses Kellers hin. Der weit herum bekannte Gasthof Krone [1] wurde 2011 an den Gastronomen Hans Fopp aus Davos verkauft. Die Weiterführung des Gastronomie-Betriebes gelang aber nicht nach Wunsch. So warten die altehrwürdigen Mauern mitten im Weinbaudorf Malans auf eine neue Nutzung. Heimatschutz, Denkmalpflege und örtliche Planungsgrundsätze müssen hier berücksichtigt werden. Eine nicht ganz einfache Aufgabe für den Besitzer.

Die Trotte hat die Wirren der letzten 300 Jahre gut überstanden. Geduldig wartet das Wunderwerk des Handwerks auf eine edle Aufgabe zu neuem Nutzen.

Bis 1963 wurde auf dem Torkel in der Krone Malans so gearbeitet [2]. Strenge Satzungen (Torkelvorschriften) haben die Arbeit geregelt. Es half auch, dass die Kellerburschen noch beim dritten Pressvorgang nüchtern und bei Kräften blieben. Trotzdem werden in den Weinbaudörfern viele Geschichten über die Zeit des Wartens erzählt. Sie bleiben aber geheim für auswärtige Besucher und Leser.

[3] 3. Oktober 1921. Ein Freudentag für die Krone: Erstmals 100 Oechslegrade erreicht. 1981 dann erstmals 104 °Oe.

1

GASTHAUS KRONE

2

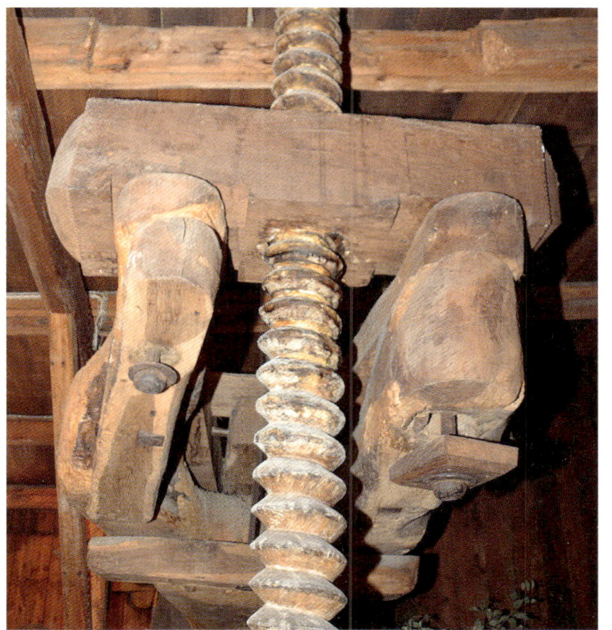

3

Von Salis-Torkel, Schloss Bothmar · Malans

Mit dem Vorgänger auf den Schultern

Als die von Salis-Trotte im Jahre 1630 im Torkel des Schlosses Bothmar in Malans aufgebaut wurde, war die Gegend durch österreichische Besatzungstruppen besetzt. Unter den Bewohnern grassierte die Beulenpest. Keine rosigen Perspektiven für die damalige Landbevölkerung.

Malans hatte nie das Stadtrecht, war aber als Verkehrsknotenpunkt zwischen Maienfeld über die Sankt Luzisteig, dem Prättigau, dem Churer Rheintal und dem Flusslauf Richtung Sargans wohl eines der bedeutendsten Dörfer in der Region. Darum sind in den Weinbaugebieten der Bündner Herrschaft auch einige Schlösser von namhaften Adelsfamilien beheimatet. Viele dieser Adelsfamilien kamen zu Reichtum durch Handel, strategische Ländereiennutzungen oder militärische Aufgaben. Eines dieser Schlösser, das Schloss Bothmar, gehört noch heute der Familie von Salis, die über Heirat zu diesem wunderschönen Gebäudekomplex inmitten eines herrlichen Gartens gelangte.

Beim Betreten des Torkels auf Schloss Bothmar spürt man noch intensiv die Kraft des Baumes, der mit über 10 Tonnen je m^2 auf das Pressgut drückte. Es scheint, als wäre der letzte Druck im letzten Herbst aufgebaut worden.

Der historische Keller wurde und wird immer noch von Peter Wegelin vom Scadenagut in Malans für die Produktion seiner eigenen Weine angemietet.

Es gehört zu den guten Geschichten, wenn der Kellermeister davon berichten kann, dass die Eiche des Torkels vermutlich bereits bei der Gründung der Schweizer Eidgenossenschaft im nahen Walde gewachsen ist. Der Torkelbaum von Malans würde diesen Beweis bei einer intensiven Untersuchung wohl mühelos erbringen können. Zuerst wuchs die Eiche immerhin über 200 Jahre, bis sie gefällt wurde. Weitere 30–100 Jahre wurden die erlesenen Holzstämme trocken gelagert, bis sie dann zum Bau von Baumpressen ausgesucht und auch verbaut wurden.

Dieses Prachtexemplar des hölzernen Handwerks fällt auf mit den 3 übereinander liegenden Stämmen. Bei einem Schaden wurde der alte, kleinere als Mehrgewicht auf den neuen Torkelbaum mit Metallbändern gebunden.

Der von Salis-Torkel durfte zum 700 Jahr Jubiläum der Eidgenossenschaft 1991 nochmals bestes Traubengut zu Malanser pressen. Ein letztes Mal arbeitete der Torkel in den Jahren 2000 und 2019 für die Videodokumentation, die im Torculum in Chur zu sehen ist. Für ein nächstes Mal steht ja alles im historischen Keller jederzeit bereit …

1

[1] Sichtbar sind die drei übereinanderliegenden Trottbäume und der Presskorb. Dieser hat die Arbeiten des Pressens enorm vereinfacht.

Zum alten Torkel · Jenins

Filigrane Presstechnik, heiteres Festessen und alle Bündner Weine

Das Haus des Bündner Weines steht mitten in den Rebbergen von Jenins. Dort, wo früher die Trauben aus den umliegenden Besitztümern zur Presse getragen wurden. Der Trottbaum ist nicht mächtig, kein Protz. Vielleicht, weil in dieser Gegend die Trauben gut reiften und selten rohe Kraft angewendet werden musste. Heute ist die historische Presse ein Dekomöbel inmitten von gedeckten Tischen für die Gäste, die hier ein hervorragendes Essen geniessen möchten, begleitet von einem Glas Wein aus einheimischer Produktion.

Die eingeschnitzte Jahrzahl zeigt, dass der Trottbaum 1722 zusammengebaut wurde und wohl bei fast 250 Ernten Trauben zu besten Jeninser-Tropfen gepresst hat. Ursprünglich stand dieser Torkel im 1971 abgebrochenen Meier-Torkel in Chur.

Torkel Schloss Salenegg · Maienfeld

In den Adelstand erhobene Kastanie

Mächtig (über 14 Meter) und edel steht die Baumtrotte inmitten des grossen Torkels des Schlosses Salenegg in Maienfeld. Und stolz trägt sie die besten Produkte des Betriebs zur Schau. Im Jahre 1658 begann die jahrhundertlange Arbeitsgeschichte dieses Unikates. Für diese Presse wurde nicht eine mächtige Eiche geschlagen. Vielmehr suchte der Trottenbauer in den Wäldern am Walensee nach einer gutgewachsenen Edelkastanie. Noch heute zeigen Spuren an Kieselsteinen und Sandreste am Fusse des Baums, dass jeder Zentimeter genutzt wurde, um ein möglichst hohes Pressgewicht aufbauen zu können. Mit grosser Sicherheit wurde der Presskorb erst später auf dem Trottbett aufgebaut, um die Arbeit zu erleichtern.

Rebwurzel
10 m lang
Torkelbaum von 1658
Zahme Kastanie vom Walensee
39'000 kg Druckkraft mit Obstmühle
Zwillingspresse 1926
40'000 kg Druckkraft mit Obstmühle

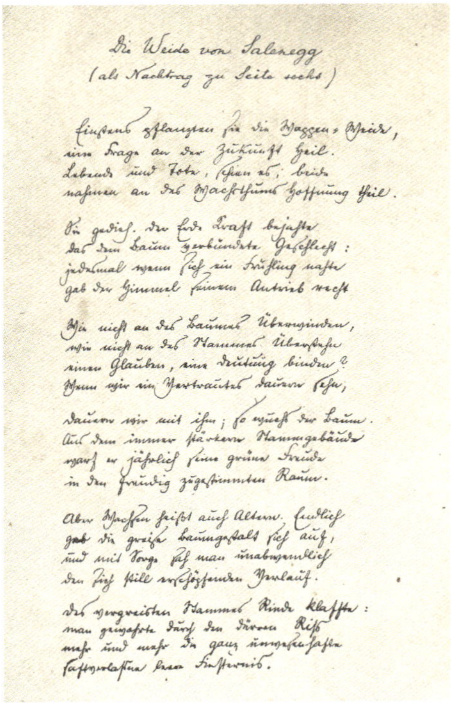

Die Weide von Salenegg
(als Nachtrag zu Seite sechs)

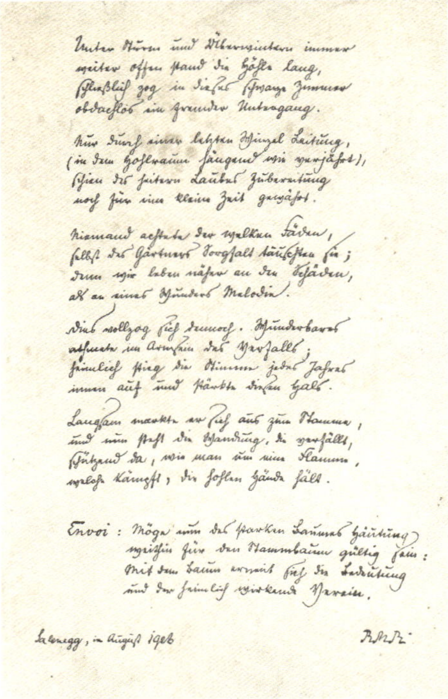

Das Gedicht von Rainer Maria Rilke über die Saalweide von Salenegg, dem Wappenbaum der Familie von Salis, kann hier nachgelesen werden: www.schloss-salenegg.ch/schloss-geschichten-rainer-maria-rilke-auf-salenegg.php.

Das älteste Weingut Europas ist nicht im Raum Bordeaux, auch nicht im Burgund zu finden. Das Schloss Salenegg kann historisch auf eine Weinkultur bis ins Jahr 1068 zurückblicken. Im Jahre 1654 kam das Schloss in den Besitz der Familie Gugelberg von Moos, die noch heute die Geschicke des herrschaftlichen Sitzes, aber auch des landwirtschaftlichen Betriebes leitet.

Heute ist Helene von Gugelberg Schlossherrin und schöpferische Leiterin des innovativen Weinbaubetriebs. Das Schlossensemble hat sie im Jahr 2011 mit einem modernen, gut integrierten Kellergebäude ergänzt. So wurde es möglich, die Weinpalette zu erweitern und den neuen Kundenwünschen anzupassen. Heute ist der Betrieb auf der Suche nach neuen, pilzwiderstandsfähigen Sorten, die sich für die Standorte rund ums historische Städtchen eignen. Zum Produktionsbetrieb von Schloss Salenegg gehört auch die Delikat Essig Manufaktur, die über 20 verschieden Essige aus den Früchten des Schlossgartens produziert. Auch werden die anfallenden Traubenkerne auf Schloss Salenegg zu kaltgepresstem Traubenkernöl verarbeitet.

Es gibt auf der weiten Weinwelt verschiedene Weinschlösser, manchmal sogar ohne Schloss. Das Schloss Salenegg zeigt den Wert des historisch Erreichten, sucht aber immer wieder einen neuen Bezug zu Entwicklungen und Neuerungen.

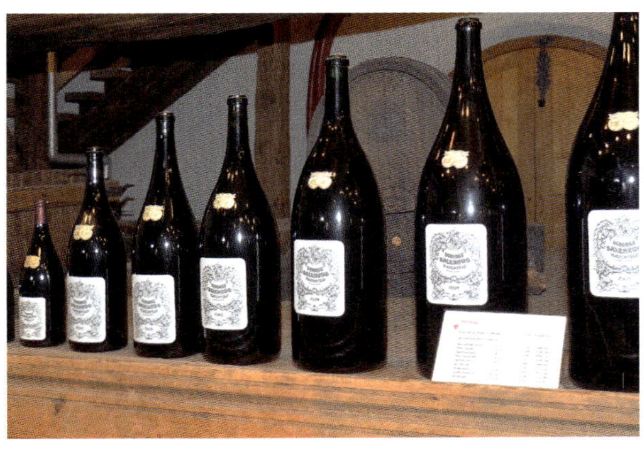

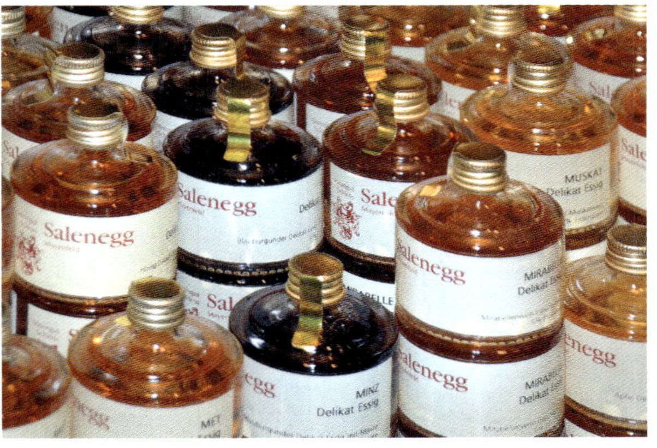

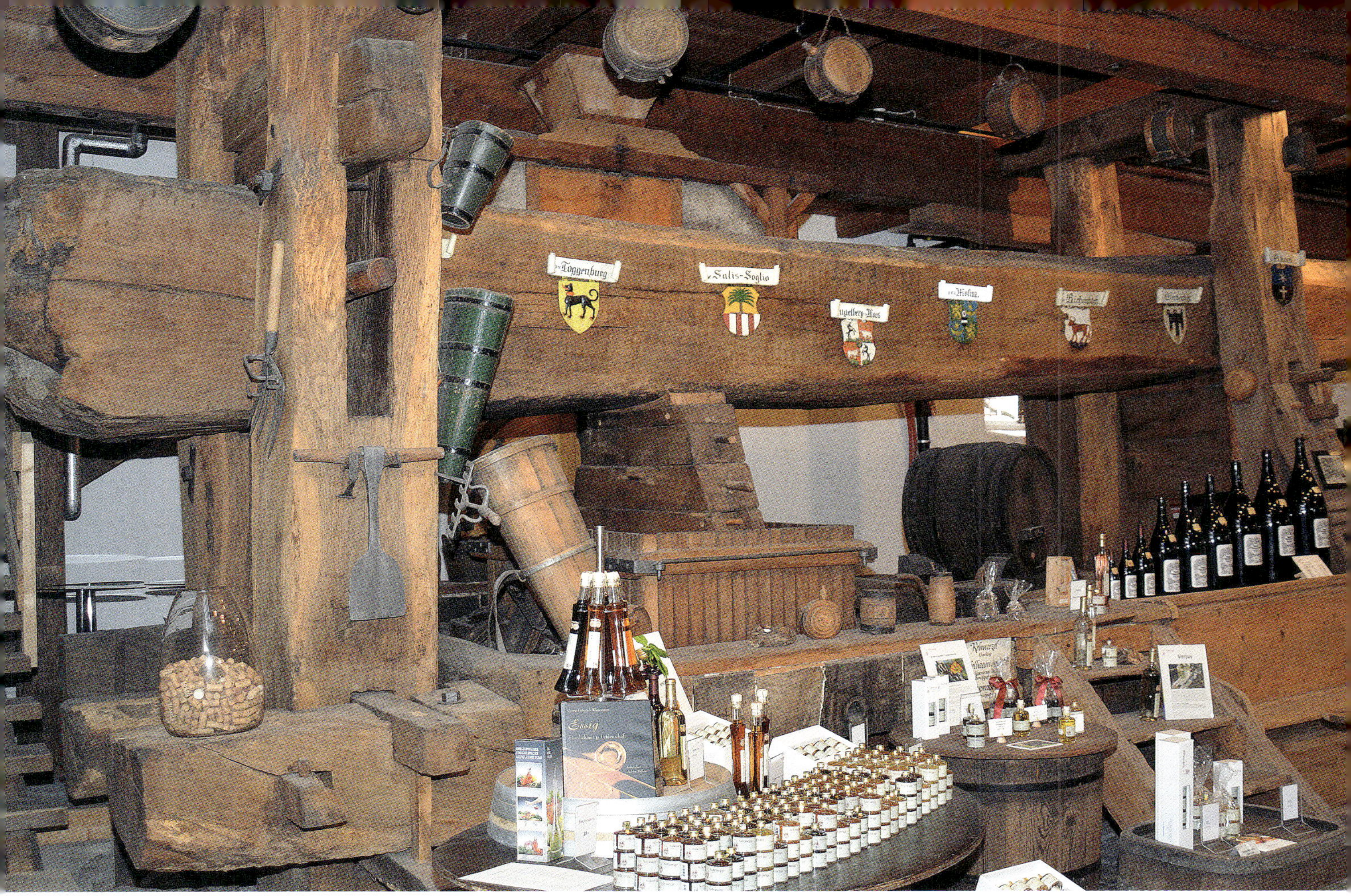
Toggenburg
Salis-Soglio
Essig

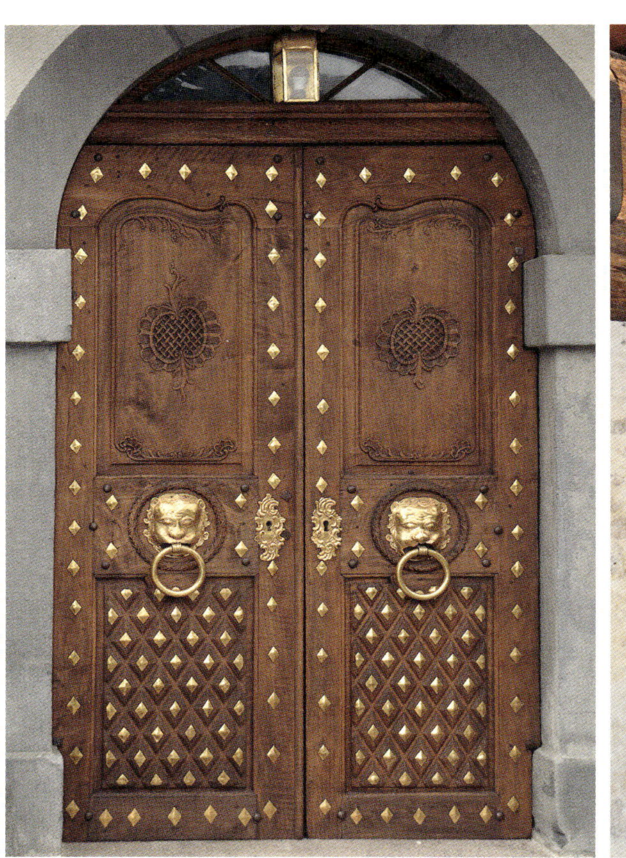

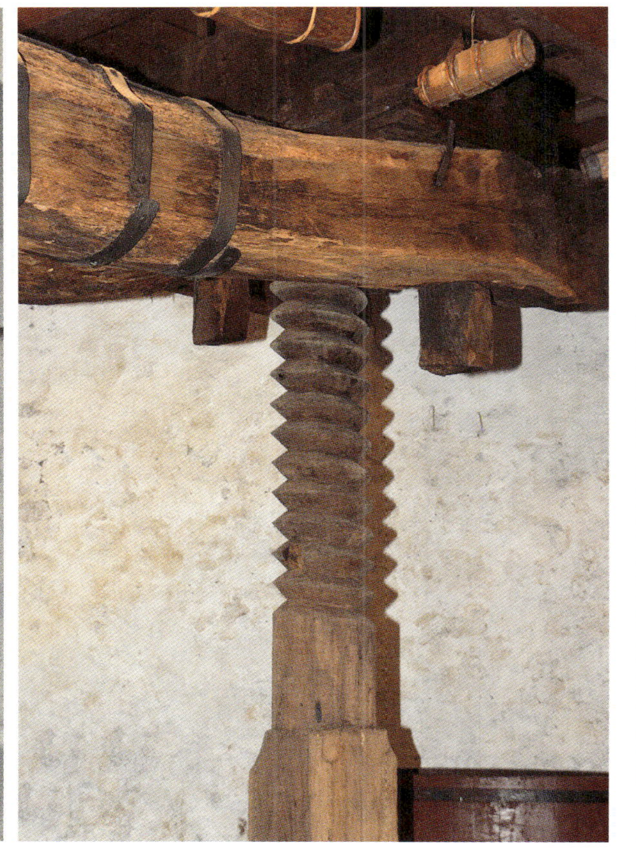

Torkel Weingut Lampert · Maienfeld

Mit allen Spuren der Arbeit

Es ist nicht die pompöse Masse, die ins Auge sticht. Kein überflüssiges Pfund belastet die Spindel. Das Holz wurde im Wald für die Zweckmässigkeit der Arbeit ausgesucht. Zur Pressung von Trauben genügten solide Eichen und ein Trottbaum aus Kastanienholz. Die Gleichmässigkeit der ausgewählten Stücke war nicht das Ziel. Vielmehr war Zuverlässigkeit und Zweckmässigkeit das Ziel.

Und trotzdem zeigt der Torkel im heutigen, gepachteten Keller der Familie Lampert, dass gerade dieses Gerät unglaubliche Leistung erbringen musste. Risse im grossen Trottbaum zeigen die rohe Kraft, die aufs Pressgut drücken musste. Einfache Eisenbänder halten die Spuren der Zeit zusammen.

1

[1] Torkel vor der Renovation.
[2] Ablauf-Rünni am Presstisch.
[3] Schloss an der Kellertüre (Besitzerfamilie Stäger).
[4] Modernes Marketing in alten Mauern.

2

3

4

Egg-Torkel · Maienfeld

Beheizt, beleuchtet und besungen

In den engen Gassen des Städtchens Maienfeld muss es wohl hoch zu und her gegangen sein, wenn die Winzer ihre Fuder in den Kuoni-Torkel respektiv den Egg-Torkel transportierten. Im heutigen Verkehr wären die wartenden Fuhrwerke wohl ein Ärgernis. Immerhin waren damals in unmittelbarer Umgebung noch eine Reihe anderer Torkel in Gebrauch. Im Egg-Torkel wurde nur wenig Wein fertig gekeltert. Die grösste Menge der 100 000 Liter wurde ab Presse sofort wieder an den Handel verkauft.

Dieses Torkelgebäude gehört zu den ersten Gebäuden dieser Art im Kanton Graubünden. Dendrochronologisch wurde das Jahr 1630 errechnet. In dieser Zeit intensivierten die Bauern der Region den Rebbau und aus dieser Zeit stammen auch die charakteristischen Ummauerungen der umliegenden Weinberge. Im Jahre 1810 wurde der Torkel wohl umgebaut und vermutlich auch vergrössert. Im Dachstuhl wurden verschiedene Fälldaten der Hölzer nachgewiesen, welche auf einen ergänzenden Umbau hinweisen. Die jetzige Grösse war wohl nötig, um den Torkelbaum von 10.8 Metern Länge aufzustellen. Ob dieser Torkelbaum neu aufgebaut wurde oder aus einem anderen Torkel stammt, kann nicht mehr festgestellt werden.

1928 hat Tobias Kuoni diesen prächtigen Torkel zu einem Preis von Fr. 10 000.– gekauft. Als Quittung sind 8 grüne Blattreliefs am Torkel angebracht. Für jeden Tausender ein Eichenblatt. Ob die fehlenden 2 Blätter noch eine bestehende Schuld belegen?

Noch bis anfangs der 1990er Jahre presste die Firma Tobias Kuoni mit diesem Torkelbaum und lagerte die vergorenen Weine in modernsten Stahltanks. Diesen wieder entfernten Gefässen musste damals die Galerie für die Gärbottiche weichen. Darum steht heute der besitzenden Familie Caduff-Kuoni ein prächtig restaurierter Raum für Feste und Anlässe zur Verfügung. Das viele alte Holz, die wohlige Wärme einer Heizung, eine legendäre Raumakustik und die Kochkünste der Gastgeber sollen auch im Winter eine festliche Ambiance vermitteln. Dies beweisen zahlreiche Eintragungen im aufliegenden Torkel-Buch.

UP

Fritsche-Torkel · Fläsch

Verliebte Eichen für verliebte Paare

Fläsch war und ist heute noch ein bedeutendes Weinbaudorf. Die Wakker-Stiftung hat das schmucke Dorf und die gemeinsamen Anstrengungen für den Erhalt alter Mauern und der Entwicklung neuer Architektur im Jahre 2010 mit ihrem renommierten Preis geadelt.

Noch im Jahr 1976 gab es in Fläsch 12 Torkelgebäude. Heute sind es noch 8 bauliche Zeugen der Weinbaukultur. Ein einziger Torkelbaum hat diese Entwicklung überlebt. Dieser letzte Pressraum für Traubentrester, aber auch für Kernobstpressungen, gehört zu den alleinstehenden Gebäuden. Viele alte Torkel waren in den Wohngebäuden im Keller integriert.

Dieser letzte erhaltene Torkelbaum von Fläsch gehört der Weinbaufamilie H.P. Fritsche im Ausserdorf. Bis 1978 wurde der Torkel noch jedes Jahr in Gebrauch genommen. Eine letzte Pressung fand anlässlich des Rebrundganges in Fläsch im Jahr 2000 mit Obst statt.

Der Fläscher Torkel gehört nicht zu den ältesten Trotten der Schweiz. Dieser prächtige Trottbaum trägt das Datum 1789. Fachleute gehen davon aus, dass die Gebäude wesentlich älter sind. Somit ist der jetzige Torkel bereits ein neueres, wohl mächtigeres Exemplar, das einst einen kleinen Torkel ersetzen musste.

Man weiss, dass 6 Ochsen 2 Tage mit der schweren Last kämpften, bis der grosse Baum an Ort und Stelle eingebaut werden konnte.

Das Gebäude gehörte zu damaligen Zeiten der Weinbaufamilie Möhr, Vorfahren der heutigen Besitzerin. Heute steht dieser prächtige Torkel in einem wunderschön renovierten Torkelraum und präsentiert sich vornehm den Gästen, die in diesem Eventraum ihre Feste feiern. Die beiden hinteren Stüd sind mächtige Eichenstämme, die sich wie Verliebte einander in seltener Harmonie zuneigen. Vielleicht gerade darum sitzen viele Brautleute gerne bei dieser Baumpresse an einem solid gezimmerten Tisch, den Hanspeter Fritsche selber angefertigt hat, eben «Verliebte Stüd-Eichen für die Verliebten».

[1] Einladung zum Eintreten.
[2] Die Spindel – gut gefettet.
[3] Jahrzahl am Torkel.
[4] Typisch in Graubünden: Im Boden versenkter Trottstein.
[5] Die «Verliebten».

1

2

3

4

5

Raga(t)zer Torkel Heidiland · Fläsch

Der Unberührbare

Mitten im Verkehr, mitten im Lärm der Autobahn steht er mächtig – geschützt durch ein massives Dach. Der Ragatzer Torkel stammt aus einem der früheren 42 Torkelbauten in Chur. Schon seine Grösse zeigt, dass sich diese Presse im 18. Jahrhundert zu den bedeutendsten Baumtrotten auf dem Boden der historischen Stadt zählen durfte.

1968 gelangte der Trottbaum in den Besitz der Stadt Chur, die das edle Stück aber bereits 1989 wieder an die Stadt Maienfeld, die Gemeinde Fläsch und den Bündner Weinbauverein zu gleichen Teilen weitergab.

Das Raga(t)zer Torkelgebäude in Chur wurde im Jahre 1974 abgebrochen. Der Name entstammt dem Familiennamen Ragaz.

Mit finanzieller Unterstützung der neuen Eigentümer, des Kantons Graubünden und der Graubündner Kantonalbank wurde dem historischen Zeitzeugen auf dem Parkplatz der Autobahnraststätte Heidiland ein neues Zuhause aufgebaut. Die Zugänglichkeit sollte gewährleistet werden, musste aber mit einem massiven Maschendraht wiederum eingeschränkt werden. Der Ragatzer Torkel wurde so zu den leider «unberührbaren» Hinweisen auf die nahe Weinkultur am Eingang zur Bündner Herrschaft.

Torkelbaum
aus dem Jahre 1759

Restaurant Torkel · Vaduz

Fürstlich mit Gastro-Punkten in Szene gesetzt

Im Jahre 1712 erwarb Fürst Adam I. von Liechtenstein mit der Grafschaft Vaduz den Bockwingert bzw. den Herawingert mit einem Torkelgebäude. Spuren führen zurück ins Jahr 1210. Das Fürstenhaus hat dem Torkelgebäude im Jahre 1773 einen neuen Dachstuhl aufgesetzt. In dem abgedeckten Raum wurde gleichzeitig ein neuer Torkel aufgestellt. Dendrochronologische Untersuchungen des Laboratoire Romand in Cudrefin beweisen das Fällen des benötigten Holzes im Winter 1770/1771.

Bis 1959 blieb der Torkel auf dem Weingut des Fürsten von Liechtenstein in Betrieb. Das Torkelgebäude wurde in den 1960er Jahren zu einem renommierten Gastrobetrieb umgestaltet. 2022 baute ein international bekanntes Tessiner Architekturbüro den historischen Pressraum erneut um. Das hochdotierte Restaurant, 16 GaultMillau-Punkte und 1 Michelin-Stern, zeigt sich stolz in einem modernen, gastronomisch bespielbaren Raum. Mitten im Raum steht der mächtige Torkel und vermittelt Geschichte und Geschichten.

Um in das Restaurant mit den hohen Auszeichnungen zu gelangen, muss der Besucher eine kurze Wegstrecke durch ein Tor, entlang eines Rebberges hoch ins ehrwürdige Torkelgebäude spazieren. Ein moderner, lichtdurchfluteter Anbau nimmt die Gäste in Empfang und stimmt sie ein auf hohe Gastronomie, die geprägt und begleitet ist von fürstlichem Eigengewächs. Mitten im Rebberg.

Der fürstliche Torkel durfte einmal eine grosse Reise machen. Die wertvolle Fracht sollte sich an einer Weltausstellung präsentieren. Die Gefahr eines Diebstahles schien riesengross. Darum wurde der hölzerne Koloss reichlich mit einem Versicherungsschutz abgesichert. Viel, viel später entdeckte man die genannte Police und staunte über den finanziellen Vergleich eines Torkels mit echten Kunstwerken, die zu Ausstellungen transportiert werden. Im Torkel in Vaduz steht somit ein wahres Kunstwerk …

Heute gehören zur 1959 erbauten Hofkellerei 4 Hektaren Rebfläche mit den Sorten Pinot Noir und Chardonnay. Der Wein reift in altehrwürdigen Gewölbekellern. Er wird aber mit modernster Technik und verbürgtem Weinwissen zu international beachteten Tropfen gekeltert. Das Fürstentum Liechtenstein bewirtschaftet im österreichischen Weinviertel an der Grenze zu Tschechien seit 1436 ein weiteres Weingut.

1

[1] Schloss Vaduz und Tor zum Torkel.
[2] Raffinierte Beleuchtung des Gewichtes.

2

Torkel zum Roten Haus · Vaduz

Im Lot zwischen Mönchsblick und Kindergeburtstag

In der Regel wachsen Eichen nicht nach dem Plan eines Torkelbauers. Aber es gehörte sicher zum besonderen Berufsstolz, ein Gewinde ins Twärholz (Querholz) zu treiben, um die Kräfte des Baumes über die Spindel auf das Pressgut zu leiten. Der schöne und gut erhaltene Torkel im Roten Haus in Vaduz hat einen solchen verdrehten Torkelbaum. Gerade dieser Torkel zeigt wunderschön die Technik des Erbauers.

Im Roten Haus ist der Bezug zur Segnung des Weines besonders deutlich spürbar. Auf den Baum sind Mönchsgesichter gemalt worden. Ein Kruzifix hat wohl seit 1484 die Kellerarbeiten überwacht und dem guten Wein den Segen mitgegeben. Eine andere Erklärung ist in der Tatsache zu suchen, dass die Schlossbesitzer Sammler waren oder dass es im Roten Haus zu Vaduz früher eine Kapelle gab. Auch sollen Räume in diesem Haus einmal von Klosterfrauen genutzt worden sein für die schulische Bildung der Dorfjugend.

1988 wurde letztmals auf dem Torkel aus Trester Wein gekeltert. Zum Weingut gehört in unmittelbarer Nähe ein Rebberg. Aus beruflichen Gründen sind die Reben verpachtet. Sollte ein späterer Besitzer wieder die Lust aufs alte Weinhandwerk verspüren, könnten die Spindel und der Torkelbaum jederzeit wieder die Arbeit beginnen.

Der Torkel ist nicht fürs Publikum zugänglich. Familieneigene Feste und somit auch Kindergeburtstage erfüllen diesen ehrwürdigen Raum trotzdem immer wieder mit fröhlichem Leben. Dem Raum verleihen auch die gutbehüteten Oechslemessungen des letzten Pressjahres 1989 einen noch immer vorhandenen Bezug zum Handwerk.

Das Rote Haus geht weit in die Geschichte zurück. Die ältesten Gebäude zeugen von einer Entstehung Ende des 13. oder anfangs des 14. Jahrhunderts. Also wird ein gleiches Alter wie für das fürstliche Schloss in Vaduz erwähnt. Die ersten Besitzer gehörten zum niederen Adel. Die Familie

[1] Verdreht, abgewinkelt und trotzdem präzis zentriert.
[2] Bilder von Mönchen – ein Vorfahre der heutigen Besitzer war ein begabter und bekannter Künstler.
[3] Das Rote Haus in Vaduz. Weingut mit Wohnturm und angebautem Torkelraum (rechts).

1

2

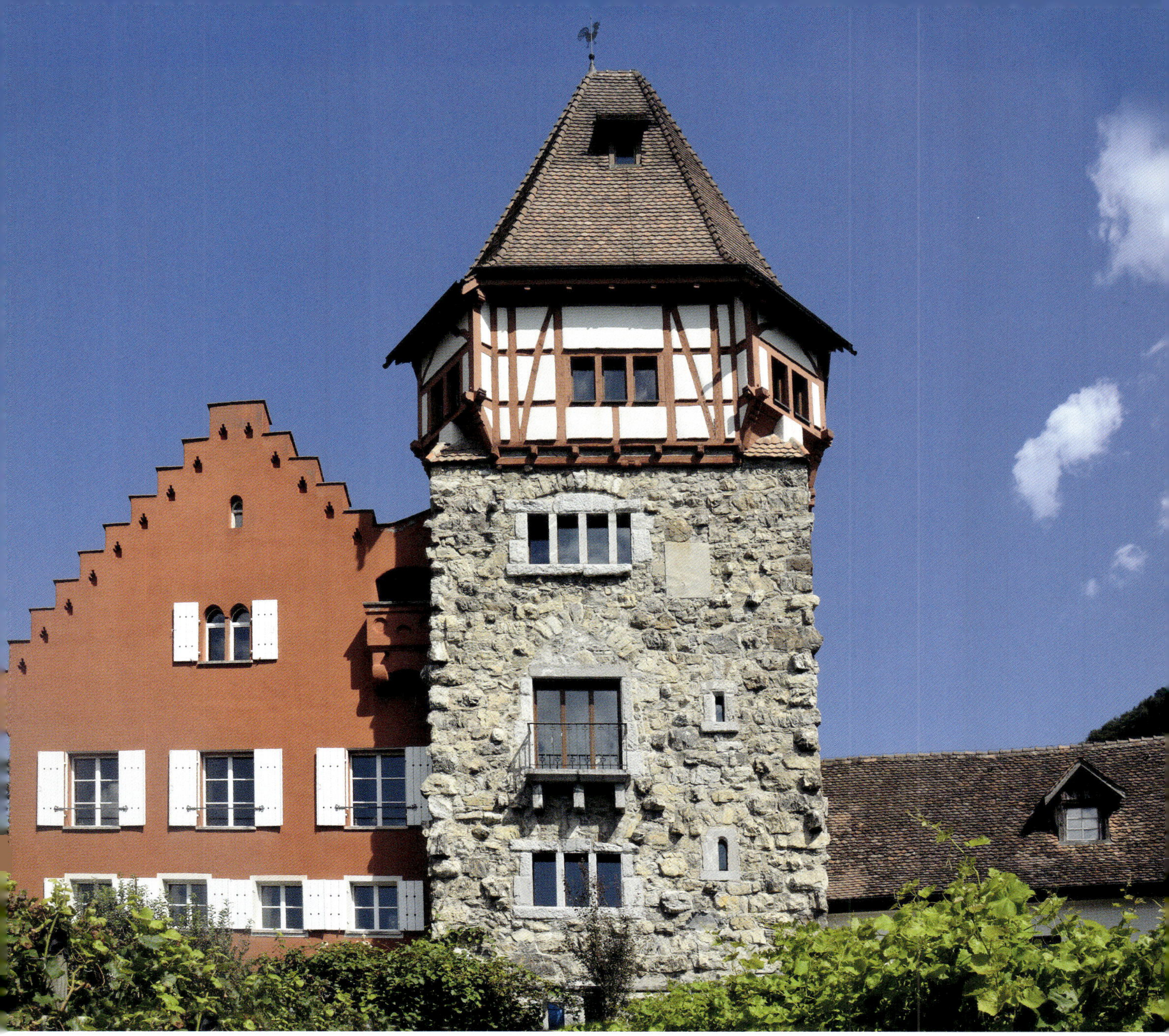

3

30. IX. 89
Oe° 78° 17
BRIX 18.8
9. X. 89
Oe° 84° 12°
BRIX 19.4
14. X. 89
Oe° 89° 15°
BRIX 20.6
21. X. 89
Oe 92° 20°
Brix 22

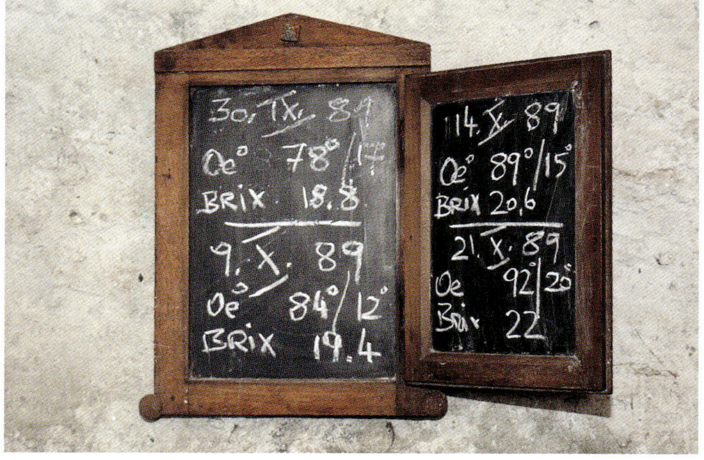

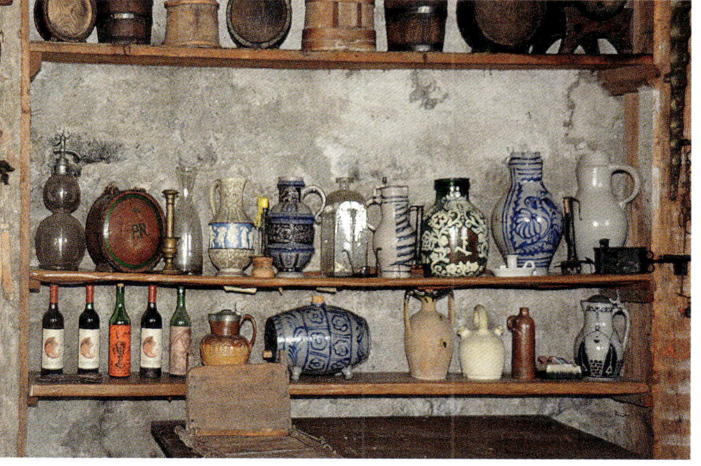

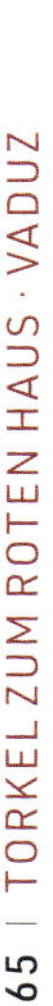

Vaistli stammte aus dem Voralberg. Ende des 15. Jahrhunderts wurde das Haus komplett umgebaut. Aus dieser Zeit stammt auch das markante Kreuzgewölbe des Kellers und der geräumige Anbau des Torkels. Die mächtige Eiche, die man für den Bau der Torkelpresse verwendete, wurde im Jahre 1483 gefällt. Wie der Torkelbaum in den Torkelraum kam, ist nicht bekannt und auch nur schlecht nachvollziehbar. Anfangs des 15. Jahrhunderts zerfiel das Vaistli-Imperium. Kurze Zeit waren Teile der Domäne im Besitz der Familie Litscher, die das Rebgut aber bereits 1528 an das Benediktinerkloster von St. Johann im Thurtal verkaufte. Gründe, die zu diesem Verkauf führten, sind wohl in der Sage des Brudermordes von Vaduz zu finden [1]. Schon 3 Jahre später geriet das Kloster in die Wirren der Reformation. Zwingli persönlich verhinderte in diesen Jahren einen Verkauf des Kirchengutes. Um 1626 erweiterte das Kloster den Rebbesitz in Vaduz. Der Rechtsnachfolger, das Stift St. Gallen, verkaufte 1807 die St. Johanner Güter nach Steuerstreitigkeiten mit der Vaduzer Obrigkeit dem Richter und Adlerwirt Johann Rheinberger. Zu diesem Besitze gehörte auch der Gasthof Löwen, wo heute noch ein Torkel im Keller steht. Das Rote Haus ist immer noch im Besitz der Familie Rheinberger. Die Reben um das Haus herum sind aus der Bauzone entlassen worden. Ein Pächter bewirtschaftet den herrlich gelegenen Wingert.

[2] Bis zur letzten Ernte wurde täglich Buch geführt. Eingetragen sind Beobachtungen an den Reben und in der nahen Natur, Spritztermine, Laborberichte, Degustationen und Kellerarbeiten.
[3] Im Jahre 1776 wurden die Spindel und das Twärholz (Muttergewinde am Querbalken) ersetzt.
[4] Winzerkennzeichen an den Gärstanden und Kunst im und am Bau.

1

2

3

4

4

Torkel Gasthof Löwen · Vaduz

Von der Torkelfee beseelt

Erste Spuren des Gasthofs Löwen führen bis ins 14. Jahrhundert zurück. Damals war das Haus eine Kaverne und Wegstation. Der heutige herrschaftliche Gasthof steht an der Strasse Chur-Bregenz, an der nördlichen Einfahrt nach Vaduz. Die «Deutsche Strasse» wurde 1770-1783 von einem Saumweg und Karrenweg in einen mit Pferdekutschen befahrbaren Weg umgebaut. Die Geschichte des Gasthofs ist verbunden mit den Bedürfnissen von Reisenden an der Handelsroute. Immerhin standen den Fuhrwerken gute Stallungen zur Verfügung.

Zu der Taverne und später zum Gasthof gehörten auch Weinberge, deren Trauben im Kellergeschoss verarbeitet wurden. Spuren am Gemäuer zeigen, dass die Grundrisse schon im 14. Jahrhundert die gleichen waren. Beim Torkelbaum zeigen dendrochronologische Untersuchungen, dass die Eiche nicht vor 1596 gefällt wurde, aber 1666 bereits im vorhandenen Ökonomiegebäude aufgestellt war.

Leider sind keine Jahrgangszahlen eingeschnitzt. 1804 wurde der Torkelraum neu aufgebaut. Der Torkel selber wurde 1805 wieder aufgestellt, allerdings auch mit älteren Elementen nachgebessert.

Heute steht der Torkel in einem Kellersaal; bei Festen inmitten geladener Gäste. Die Besucher werden wohl beseelt werden von einer schwebenden Fee, die ein Künstler auf den grossen Trottbaum gemalt hat.

LÖWEN
GASTHOF LÖWEN

Schaaner-Torkel · Schaan

Zu Staub gewordene Geschichte sucht den Weg ins Morgen

Anderswo sind Dutzende Torkel verschwunden, für einen anderen Zweck geleert oder dem ursprünglichen Zweck entfremdet worden. Zahlreiche Torkel und Trotten mussten dem sich ausweitenden Bauboom weichen. In Schaan gehen die Kulturgüterverantwortlichen einen anderen Weg. Der letzte von ursprünglich 5 Torkeln im Dorf, derjenige des «Trubawörts», ist erhalten geblieben. Erbaut wurden das Gebäude und wohl auch der Torkel um das Jahr 1616. Letztmals wurde in den 1940er Jahren hier gepresst, vermutlich aber nur auf der kleineren Korbpresse. Die Besitzerfamilie wollte aus dem Torkel ein Museum erstellen. Dieses Unterfangen aber fand damals in Schaan kein Interesse. Erst 80 Jahre später erinnerte man sich im Ländle der historischen Bedeutung der örtlichen Rebkultur. Die Strassenführung im Quartier und die Möglichkeit, Bauplätze zu generieren, verlangt aber eine Versetzung des Gebäudes samt Inhalt. Wahrlich eine Herkulesarbeit, der sich die öffentliche Hand stellen will.

Das Gebäude wird zerlegt, nummeriert und etwas verschoben wieder aufgebaut. Leider fehlt bei den Überresten der markante Baum des Torkels. Ob dieses Relikt in einem anderen Torkel verbaut wurde oder zu wertvollem Balkenholz verarbeitet wurde, wissen die letzten Zeitzeugen leider nicht mehr. Zu Mehl gewordenes Eichenholz und mit Spinnfäden zusammengehaltenes Dachgebälk werden den Kulturschützern noch Einiges abverlangen, bis ein edler Raum dem Dorf und den Winzern in neuem Glanze zur Verfügung steht. Das Bewusstsein für die alte Weinkultur ist wieder am Wachsen.

Überliefertes Zitat von Jehle (letzter Besitzer des Schaaner Torkels): *Vom letzten Presssaft im Geiste stark benommen, musste ein Kellerbursche auf einer Karrette liegend den Raum Richtung Dorf und eigenes Bett verlassen haben.*

1

2

3

[1] Man darf gespannt sein, wie sich das Gebäude einst präsentieren wird.
[2] Schreibkabäuschen für den Torkelmeister.
[3] Ein Bauzeuge historischer Weinkultur zerfällt zu Staub. Agraffen halten zusammen, was zusammen gehört.
[4] Überreste des hinteren Stüds.

4

Torkel Ortsmuseum Berneck · Berneck

Bereit zur Arbeit

Schon morgen könnte man den Torkel für die nächste Ernte in Betrieb nehmen. Dieser prächtige Torkelbaum steht seit der Eröffnung des Dorfmuseums 1975 im schönen Raum, der die reichhaltige Geschichte des grössten Rebbaudorfes des Kantons St. Gallen präsentiert. Im Jahre 2006 wurde letztmals gepresst (40 Eimer). Und wieder möchte man in den nächsten Jahren mit diesem historischen Werkzeug einen gemeinsamen Wein pressen.

Der Torkel stand seit 1682 im Zoller in der Gemeinde Thal. 1955 kaufte ihn der Gemeinnützige- und Verkehrsverein Berneck für Fr. 2000.– und lagerte ihn ein. Im Oberdorf fand er 20 Jahre später seinen würdigen Standort. Im gut erhaltenen Ensemble aus Haus mit ortsgeschichtlicher Sammlung und einem Nebengebäude bildet der Torkel den markanten Mittelpunkt. Der stimmige Raum mit der einfachen Bestuhlung lädt als Ort der Begegnung geradezu ein.

2
Haus zum Torggel
Ortsgeschichtliche Sammlung

Alle zwei Jahre findet im historischen Dorfteil von Berneck das traditionelle Torkelfest statt. Neben dem Torkel bieten am Torkelfest die zahlreichen Kellergewölbe rund um den Rathausplatz den stimmungsvollen Rahmen für die zahlreichen nostalgisch gekleideten Gästinnen und Gäste.

Der Baum ist gute 400 Jahre alt; dendrochronologisch lässt sich der Zeitpunkt der Keimung im Jahr 1250 feststellen.

Für die Bernecker ist es wahrlich eine ehrenvolle Pflicht, dieses hölzerne Wunderwerk für die Zukunft zu erhalten.

Laager-Torkel · Berneck

Schwere Last getragen und ertragen

Der Laager-Torkel ist kein glänzendes Möbelstück. Nach vielen Jahrhunderten und weit über 1000 Pressungen zeigt das historische Wunderwerk Spuren von Abnützung und Schwächen. Der doppelte Torkelbaum ist nicht zur notwendigen Krafterhöhung eingebaut worden. Vielmehr bekam dieser zusätzliche Eichenbalken die Aufgabe, Risse am grossen Baum zu überbrücken. Zahlreiche Metallbänder mussten befestigt werden, damit der hölzerne Zeitzeuge noch heute Trauben zu pressen vermag. Die Familie Laager aus Bischofszell, in deren Besitz der Torkel sich befindet, samt dem Torkelmeister und einer aktiven Gruppe von Winzern und Idealisten ist bestrebt, mit diesem Torkel immer wieder, möglichst jedes Jahr, Wein nach alter Väter Sitte zu pressen. Wahrlich eine edle Aufgabe.

Der weite Kelterraum im Erdgeschoss des schön renovierten Torkelgebäudes zeigt, dass dieser Torkel ehedem von mehreren Winzern benutzt wurde. Jeder konnte sein Erntegeschirr im Gebäude lagern. In geeichten Zubern wurde Mass genommen für die notwendigen Abgaben an die jeweiligen Lehensherren. Die kirchlichen und die weltlichen Oberherrschaften lebten nicht schlecht von den Abgaben der örtlichen Landleute, die das Handwerk im Rebberg und im Weinkeller betrieben. Noch heute ist die Schiefertafel Buchhaltung und Abrechnung.

Torkel Weinhaus Nüesch · Balgach

Beschattete und begrünte Weinkultur am Strassenrand

Seit 1834 ist das Weinhaus Nüesch in der Region verankert. Als Kelterer örtlicher Weine von Balgach bis Maienfeld, sowie als Eigentümer eines eigenen grossen Weinguts in der Toskana. Das Weinhaus ist heute im Weinhandel ein angesehener Partner für inländische und ausländische Produzenten.

Diese Verbundenheit zur heimischen Weinkultur ist bereits am Strassenrand sichtbar. Ein markanter, grosser Torkel weist auf die Tradition des Rebbaus in der Ortschaft Balgach und der umliegenden Region hin. Vor über 40 Jahren kaufte der damalige Eigentümer des Weinhauses, Emil Nüesch, den Torkel in St. Margrethen und stellte ihn an markanter Stelle vor seinem Weinhaus hin. Ein Dach schützt die historische Holzkonstruktion. Üppiges Grün beschattet inzwischen den wuchtigen Zeitzeugen. Früher stand der Torkel im benachbarten St. Margrethen auf dem Öpfelberg.

Zwei Jahreszahlen sind auf den Balken zu finden. 1594 und 1627. Der grosse Trottbaum ist wohl 1594 aufgestellt worden. Ein Meister, Hans Scheg, hinterliess die Jahreszahl 1627 auf dem vorderen Stud. Zwei eingeschnitzte Jahreszahlen lassen vermuten, dass der Torkel in diesen Jahren repa-

riert werden musste. Wahrscheinlicher aber ist, dass Hans Scheg wohl zwei oder drei ältere Torkel zu einem zusammengebaut hat. Dem Meister traut man zu, dass er so die Technik verfeinerte, indem er mit dem Zusammenbau Höhe gewann, um mehr Pressgut auf den Tisch zu leeren. Auffallend an der Konstruktion ist die Eleganz der Vorderen Stud, im Gegensatz zur massiven und soliden Bauweise der Hinteren Stud. Der doppelte Torkelbaum konnte mit Wiegebewegungen an der Spindel mit dem ganzen Gewicht auf den Trester abgesenkt werden. In unterschiedlicher Weise gebaute Torkel arbeiten mit Hebelarmwirkung. Dabei bleibt der Baum am hinteren Stud fixiert.

Verschiedene Torkel in der Region zeigen eine ähnliche Bauweise, eine örtliche Eigenheit des einheimischen Meisters.

Weingut am Steinig Tisch · Thal

Mini-Torkel mit Huldigungszertifikat

Winzerfeste waren früher immer auch Dorffeste. Jeder Verein, jeder Handwerker, jeder Bewohner wurde engagiert, um den Besuchern etwas bieten zu können. Die Aufgabe der Winzer bestand nicht nur im Nachfüllen der Gläser. Vielmehr waren die örtlichen Winzer verantwortlich für Festwirtschaften, für herrlich geschmückte Sujets am Umzug. Am Dorffest in Thal 1990 wurde den Besuchern örtliche Geschichte aus dem Weinbau sogar in einem Festspiel dargestellt.

Der Winzer Christoph Rutishauser wollte aber noch mehr bieten. Zusammen mit örtlichen Handwerkern baute er einen Torkel aus Holz, das im eigenen Wald gewachsen ist. Der kleine, aber funktionstüchtige Nachbau passte herrlich auf den ersten Wagen des Umzuges und steht nun am Strassenrand als Einladung zum Besuch des Weingutes. Bei einem köstlichen Glas Riesling Sylvaner erfährt man im modern geführten Keller noch viel mehr Hintergrundwissen.

Der Torkel am Wegrand ist im Besitz der Handwerksleut von hoher Zunft. Jeder Mithelfende besitzt einen Anteil, der dem Aufwand zur Erstellung entsprochen hat. In einem vom lokalen Künstler Otto Rausch gezeichneten Huldigungsbrief sind alle Begebenheiten für die Ewigkeit festgehalten.

Der Bildhauer und Maler hat den Betrieb zeitlebens geprägt. Jede Etikette, jede Fassschnitzerei, viele Bilder und einige sinnige Sprüche haben dem Keller und den auf dem Betrieb arbeitenden Generationen eine eigene Identität verschafft. Im Huldigungsbuch auf den Torkel hat sogar jedes geborene Kind eine Huldigung erhalten, wie auch jedes Fass, das im Weinkeller steht und reich beschnitzt ist.

DAS TRAUBEN
BLUT IN DEN
ADERN·DER
BEERE LIEBE
VOLL

Der Torkel mit den hängenden Ohren

78 Torkel haben 1826 in der Gemeinde Altstätten noch für den örtlichen Weinbau zur Verfügung gestanden. Ein allerletzter Zeitzeuge steht heute für Feste und Anlässe offen und wird somit auch reichlich genutzt. Dieses Torkelgebäude wurde 1707 für 100 Gulden (ca. Fr. 7000.–) gebaut. Der heutige doppelstämmige Torkelbaum wurde erst 1791 aufgestellt. Der Torkelstein aber ist aufs Jahr 1726 datiert. Die Eiche ist im nahen «Eichenforst» während 700 Jahren gewachsen. Vermutlich gut gedüngt durch die örtliche Schweineaufzucht des Klosters St. Gallen. Im Jahre 1903 wurde ein zweiter vorhandener Torkelbaum entfernt und ein Gärkeller angebaut. Bis 1979 wurden auf diesem mächtigen Torkel Trauben gepresst, welche durch regionale Kellereien zu besten Weinen gekeltert wurden. Der Torkel ist in gutem Zustand, jederzeit bereit, wieder für den Winzer zu arbeiten.

[1] Die hängenden Ohren – die beiden Äste des grossen Torkelbaumes – senken sich bei der Spindel nach unten.
[2] Der Torkel ist ein beliebter Ort für Festivitäten.
[3] Presskorb.

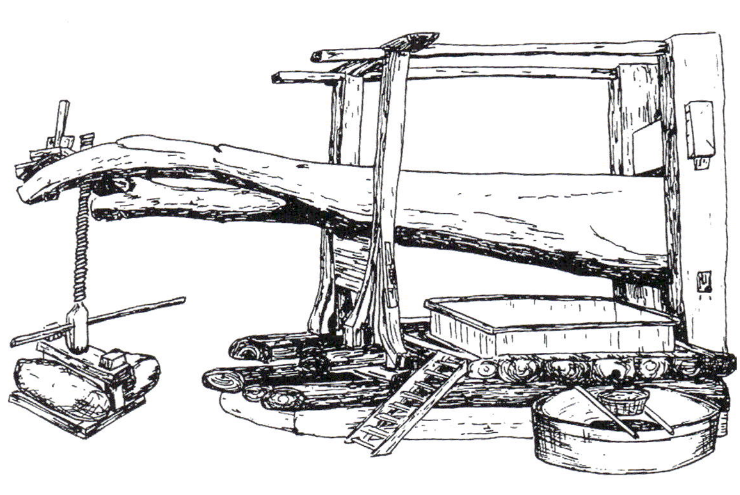

1

2

Renovirt und Fenster angebracht 1874,
unter der löblichen Orts-Verwaltung
Hr. Hr. Mooser Albert, Präsident, Buschor Johañ, Pfleger,
Geisser Johañ, Brocker Jacob, Gschwend Jacob.

3

Berschis-Torkel im Schloss · Sargans

Ein Blick zurück auf Schwerstarbeit und Handwerkskunst

Der Torkel im Schloss Sargans strahlt keine fürstliche Geschichte aus. Er wurde erst 1961 beim Schlosseingang in einem Gewölbekeller aufgestellt. Dieser Torkel zeigt wie kein Zweiter, dass mit ihm strenge Arbeit verrichtet wurde. Die verschiedenen Holzfarbtöne lassen verschiedene Holzarten erahnen, aber auch eine reichhaltige Reparaturgeschichte des Torkels, der bis 1953 in Berschis aufgestellt war. Die eingeschnitzen Jahrzahlen, 1572 auf der Spindel und 1778 an den Stüüd, lassen erahnen, dass der Torkel einem Zusammensetzspiel gleich immer wieder repariert wurde, aber auch dass mit der Spindel sehr sorgsam umgegangen wurde. Mit viel Fett und stets nüchternen Kellerburschen ...

Die breite Astgabel mit dem kompliziert konstruiertem Twärholz für die Spindelarbeit breitet einem Engel gleich die Arme aus über die Gäste, die hier zum Apéro um den Tisch geladen sind. Der damalige Heimatbund Sarganserland hat den Torkel für Fr. 500.– in Berschis gekauft und eingelagert. Mit dem schwierigen Transport durch enge Tore und dem Wiederaufstellen des historischen Gerätes, sowie das Herrichten des Raumes kostete die Aktion doch Fr. 5348.95, was den Verein arg belastet haben soll. Es reichte aber 1963 bei der Einweihung für einen herzhaften Schluck einheimischen Weines.

Majestätisch steht es oben auf dem Felsen, das ehrwürdige Gebäude aus dem Mittelalter. Urkundlich erwähnt wurde die Burg erstmals 1282. In verschiedenen Bauetappen entstand das heutige Schloss Sargans. Zusammen mit dem Städtchen bildete die Burg eine Festungsanlage. Seit 1899 befindet sich das Schloss im Eigentum der Ortsgemeinde Sargans. Heute sind im Schloss ein Restaurant, das Museum Sarganserland und der erwähnte Torkelkeller untergebracht. Im Torkelkeller können Sie die Vielfalt der regionalen Weine kennenlernen.

Viele Jugendliche und Junggebliebene kennen das Schloss Sargans von Ihrer Schulreise her oder haben den früher bekannten und beliebten Schnittbogen mit dem markanten Schloss zusammengeleimt. Das Schloss Sargans ist immer ein gutes Ziel für die Entdeckung von Weitsicht, aber auch von romantischen Ecken und Winkeln und einer kurzweiligen Reise in die Geschichten- und Sagenwelt.

Läderli-Torggel · Weinfelden

Gross, mächtig, einer der Schwersten

Vielleicht nicht der längste Trottbaum. Aber sicher eine der schwersten und mächtigsten Torkel in der Schweiz. Holzfachleute haben den Eichenstamm mit 9.3 m³ Holz vermessen und das damalige Gewicht auf über 9 Tonnen berechnet. Mit Sicherheit ein Ereignis im damaligen Weinfelden war der schwere Transport und das Aufstellen des Torggels unterhalb des Schlosses. Aktenkundig ist ein «Lederlij Torgel» bereits im Jahre 1574. Mit Sicherheit kann ein Bezug zu einer Besitzerfamilie Lederlin gemacht werden. Auch das typische Keltergebäude, dem Stil nach aus dem 16.–18. Jahrhundert, beweist die Zeitspanne der Anfänge dieses Torkels, der bis 1963 in Betrieb war. Die eingeschnitzte Jahrgangszahl 1781 auf dem Twärholz, auf der Spindelmutter und 1833 am Balken mit der Rünni am Trottbett zeigen, dass einige Reparaturen im Laufe der Jahrhunderte gemacht werden mussten. Mächtig ist auch die ungewöhnliche Grösse des Steinbettes als Gegengewicht. Die Vorzüge eines Bretterkorbes auf dem Trottbett haben die Betreiber schon früh entdeckt und für die Traubenmaische verwendet. Der Tresterkuchen blieb so kompakter unter dem Gewicht beisammen. Solche Körbe wurden damals meist für Fruchtpressungen verwendet. Sie waren Vorläufer für die eigentlichen Korbpressen, die später die Arbeiten im Keller enorm erleichterten.

Eine wahre Schatztruhe wurde im 18. Jahrhundert im Läderli-Torggel eingebaut. Im Stübli stehen Sitzbank und Tisch sowie ein Strohbett für

[1] Lederli Torkel – oben rechts auf dem Zehntenplan 1695

1

1

2

3

4

5

[1] Stübli in der Höhe mit Guckloch.
[2] Strohbett mit Tagblatt.
[3] Hundert Jahre Poesie.
[4] 1781, Jahrzahl auf der Spindelmutter.
[5] Die Karten sind gemischt.
[6] «Moderne» Korbpresse mit Riemenantrieb. Ab 1963.
[7] Poesie des Alterns.

6

die nächsten Pressarbeiten bereit. Die Jasskarten sind gemischt. Die Gläser für den Jungwein sind aufgetischt. Das Tagblatt scheint lesenswert zu sein. Ein kleines Glasfenster gibt dem Torggel-Meister den Blick frei auf die Pressarbeit und die Gesellen, die daran arbeiten. Längst verblichene Poesie, an den Wänden hängend, beweist, dass die Meister der blumigen Sprache mächtig waren. Wohlige Wärme machte den Ruhe- und Warteraum zur gemütlichen Stube. Der schöne Kachelofen konnte von aussen geheizt werden. Notabene alles in die Höhe gebaut.

Die letzten beiden Betreiber des Torkels, die Familien Burkhart und Germann, sind immer noch Eigentümer eines der zwei letzten Kulturdenkmale des bedeutenden Weinbaus am Ottenberg in Weinfelden. Eine sinnvolle Verwendung für das Gebäude und die darin aufgestellte, stolze Presse muss noch gefunden werden. Trotz behördlichem Schutz drängt der nagende Zahn der Zeit …

7

Trotte Schlossgut Bachtobel · Weinfelden

Leichtes Wässern, ein Hefepeeling und ½ Liter Schmierseife

Es gibt nur wenige historische Baumpressen, die heute noch regelmässig zur Abpressung eines ganz speziellen Weins in Funktion gehalten werden. Das Schlossgut Bachtobel in Weinfelden hat 1804 zwei grosse Baumpressen im Torkel aufgebaut, die bis in die 1970er Jahre für alle Schlossweine im Einsatz standen. Erst im Jahr 2003 hat der damalige Schlossbesitzer, Hansueli Kesselring, die beiden Trottbäume restaurieren lassen. Und seither darf die 8. Besitzer-Generation mit Stolz und Würde die jahrhundertalte Tradition einmal mehr weiter zelebrieren.

Die «Alte Dame» aus dem Jahr 1584 bedarf aber immer einer besonderen Pflege vor dem jeweils einzigen Pressgang eines Herbstes. Schon Tage vorher muss das Trottbett langsam gewässert werden, bis sich die Spalten zwischen den Balken wieder verschliessen. Mit frischester Hefe aus einem anderen Weinfass wird das Bett eingestrichen. Das «Hefepeeling» wirkt ein letztes Mal porenschliessend und gleichzeitig antiseptisch. Mit reichlich Schmierseife wird die grosse Spindel eingeseift [1]. Nun kann der Presskuchen aufgebaut werden [2]. Mit grösster Sorgfalt tischt der Kellermeister Bretter auf den lockeren Trester. Mit Balken, in jeder verfügbaren Dicke vorrätig, wird unter dem Trottbaum ein gleichmässiges Berühren auf der gesamten Bettlänge angestrebt [3].

Der Pressvorgang kann nun beginnen. Die Spindel wird gedreht, bis der Trottbaum entlastet ist und der Esel entfernt werden kann [4]. Wenn die Trottsteine sich leicht abheben, können bis 15 Tonnen Gewicht auf dem Trester ruhen. Echt viel Kraft, um den wertvollen Saft aus dem Trester zu pressen. Ein wunderbarer Duft von warmen Beeren und Pflaumen durchdringt den Raum [5]. Ein herrlicher Moment für den Meister und seine Gehilfen.

2

3

4

5

1

Schaudepot St. Katharinental · Diessenhofen

Der volkskundliche Torggel

Wirklich einzigartig, wenn ein Wissenschaftler sich ins Thema Volkskunde einarbeitet und eine Sammlung zusammenstellt, die ihresgleichen in der Schweiz sucht. Es sind nicht nur die grossen Gegenstände, die den Spezialisten faszinierten. Es sind vielmehr auch die ganz kleinen und oft unscheinbaren Gebrauchsgegenstände, die nun in der Sammlung zu sehen sind. Wer sich die Zeit nimmt und an einer Führung teilnehmen darf, lernt ganz viele Facetten des Lebens kennen, die er nie beachtet hätte. Das Schaudepot St. Katharinental war und ist immer noch ein Rettungsanker bei unprofessionellen Räumungen im ländlichen Raum der Ostschweiz. Drei der Stockwerke im Museum, das wie das Schloss Frauenfeld zum Historischen Museum Thurgau gehört, sind der Entwicklung alter Gerätschaften aus Landwirtschaft, Obst- und Weinbau, dem Transport und dem Handwerk gewidmet. Einen grossen Stellenwert haben die häuslichen Arbeiten. Tausende Zeugen einer Zeit bis 1950 sind hier ausgestellt.

Aber auch der Wein- und Obstbau findet im untersten Geschoss des ehemals klösterlichen Kornhauses einen prominenten Platz. Dieses Grundgeschoss war historisch eine Trotte; die vier Obergeschosse dienten als Kornschütten.

Auch hier sind unzählige kleine, leicht zu übersehende Gegenstände aus dem Leben der bäuerlichen Winzerei zu bestaunen. Viele dieser Trouvaillen sind in einem eigenen Kapitel beschrieben.

Prominent steht in diesem Museum eine grosse Baumtrotte aus dem «Fahrhof» bei Oberneunforn. Die Trotte gehörte drei Landwirten und wurde noch bis 1955 zum Pressen von Mostobst verwendet. Die Baumtrotte wurde von einem Nachbarn, Hans Stürzinger, Besitzer der «Sonne» in Niederneunform, gekauft und später dem Kanton Thurgau geschenkt. Datiert ist die Spindel mit der Jahreszahl 1812. Wohl wesentlich älter sind die Presse und besonders der Unterbau. Er zeigt deutlich einige gebrauchte Funktionshölzer auf denen der Presstisch liegt. Wie auch bei dieser Presse wurden immer wieder verschiedene Trotten zu einer neuen Baumtrotte zusammengebaut.

In einer aufwändigen Aktion wurde das Trottwerk im Jahr 2006 im Schaudepot St. Katharinental am Standort der ehemaligen Klostertrotte aufgestellt.

AARGAUISCH
KANTONALES
WEINBAU
MUSEUM
TEGERFELDEN

Trotten Nordostschweiz

SCHAFFHAUSEN · ZÜRICH · AARGAU · BASEL

In diesen Weinbaugebieten stehen heute wohl die meisten noch erhaltenen Trotten. Verständlich, wenn man allein im Zürcher Weinland 250 Trotten historisch nachweisen kann. Eindrücklich auch, wenn schon nur die Gemeinde Flurlingen am Kohlfirst einmal 29 Trotten zählte. Natürlich mussten viele dieser Zeitzeugen dem heutigen Zeitgeist geopfert werden. Oft sind es mehrere Klöster und Spitäler, die in einem damals kompakten Rebberg Parzellen den örtlichen Bewohnern zur Bewirtschaftung überliessen. Und selbstverständlich verlangte die Ordnung jeweils auch ein getrenntes Verarbeiten des Traubengutes in eigens dazu gebauten Trotten. Die kurze Erntezeit und die aufwendige Pressarbeit verlangte nach zahlreich vorhandenen Baumpressen. Und schliesslich sollten ja auch die Steueranteile eines Klosters niemals vermischt werden ...

Einladung zum Besuch im Weinbaumuseum.

Bergtrotte · Osterfingen

Die festlich Besonnte

Osterfingen besitzt ein besonders schönes Ortsbild; im Bundesinventar ISOS ist es als «schützenswertes Ortsbild von nationaler Bedeutung» aufgeführt. Die Verbundenheit der Baustruktur mit der Landschaft, der Landwirtschaft und auch zum nahen Weinbau ist über Generationen gepflegt worden. Zum Wahrzeichen dieses Dorfs im Schaffhauser Klettgau gehört die markante Trotte mitten im Rebberg.

Erbaut wurde der östliche Teil dieses Gebäudes im Jahre 1584 durch die Stadt Schaffhausen. Die örtlichen Rebleute mussten hier ihren Pachtzins entrichten und waren gezwungen, ihre Trauben zum vorgegebenen Preis in dieser zur Stadt Schaffhausen gehörenden Trotte pressen zu lassen. 1670 wurde der umgebaute Raum um eine zweite Trotte erweitert. Auch 1783 erweiterten die Verantwortlichen nochmals das Gebäude gegen Westen.

1801 wurde die Trotte verkauft, da mehr und mehr Rebbauern sich von den Vorschriften und Verpflichtungen loskaufen konnten. Die Trottenpflicht wurde aufgehoben.

Um die Zufahrt zu den Trottbäumen zu verbessern, wurden 1905 die Tore vergrössert.

1942 kaufte Erwin Stoll vom Weingut zum Hirschen die Trotte und übernahm auch die Ernte von den letzten 5 Rebbauern. Eine weitere Renovation des Gebäudes wurde nötig. Die Familie Stoll aber wollte diese Arbeiten nicht mehr durchführen.

1962 kaufte die Rebbaugenossenschaft Löhningen auf Initiative der Winzer Georg Stoll und Jakob Richli das Gebäude für Fr. 10 000.–. Man suchte in Osterfingen einen geeigneten Ort für die Durchführung eines Trottenfestes mitten in den Reben. Die Rebbaugenossenschaft Osterfingen hat noch im Jahre 1964/65 die Bergtrotte renoviert. Viele Winzer legten selber Hand an beim Graben von Entwässerungsgräben und dem Verarbeiten von Verputz. Zu diesem Zeitpunkt wurde aber kaum mehr mit

Bergtrotte
OSTERFINGEN

Trottbäumen gearbeitet. Die 3 grossen Baumpressen wurden demontiert. Eine davon steht heute im Museum Sankt Georgen in Stein am Rhein.

Der Wert der Örtlichkeit wurde aber mit zahlreichen Renovationen anfangs der 1980er Jahre gesteigert. Das Trottgebäude wurde für Events und Anlässe gebraucht. 1986 wurde die Baumtrotte von Siblingen in Osterfingen aufgestellt. Dieser Trottbaum ist eine Leihgabe des Klosters Allerheiligen. Die Genossenschafter aus Osterfingen haben diese Baumtrotte in Eigenarbeit renoviert.

Eine grosse Erweiterung erfuhr das Gebäude in den Jahren 2014/15. Für die Baumtrotte wurde ausserhalb des Gebäudes ein Dach erstellt. Die modern gestalteten Räume sind nun für grössere Anlässe geeignet und haben bereits Fernsehsendungen Gastrecht gewährt. Heute gibt es hier ein schönes Restaurant mit einer herrlichen Aussenterrasse, mitten in den Reben. Der Gebäudekomplex gehört zur Organisation Genussregion Wilchingen, Osterfingen, Trasadingen.

Trotte · Löhningen

«Mini Schwiiz»

Nur wenige Baumpressen werden in der Schweiz noch regelmässig in Aktion gebracht. Entweder werden Trauben für spezielle Weine gekeltert oder ein Jubiläum wird zum Anlass genommen, die altehrwürdige Holzkonstruktion für eine Pressung vorzubereiten.

Die Baumtrotte von Löhningen durfte ihre Technik in der Fernsehsendung «Mini Schwiiz, dini Schwiiz» zeigen. Herrlich, wenn man zuschauen darf bei dieser wunderschönen Arbeit im Herbst.

Die Trotte wurde 1603 im Auftrage des Spitals Schaffhausen aus Kalksteinen mitten im Dorf erstellt. Dieses Gebäude ist noch heute erhalten. Die Grösse der Trotte lässt erahnen, dass früher sogar drei Baumtrotten Platz fanden für die Verarbeitung der örtlichen Ernte. Die heute noch stehende Baumtrotte datiert aus dem Jahre 1713. Dies zeigt, dass der Rebbau schon in der Frühen Neuzeit eine grosse Bedeutung in dieser Region hatte.

Südwestlich ans Gebäude angegliedert ist heute noch der Zehntenkeller zu finden. Hier mussten die Winzer ihren Obulus abrechnen.

Die Trotte ging nach dem Niedergang des Rebbaues in private Hände über. 1951 gründeten die Reblandbesitzer die Weinbaugenossenschaft Löhningen und übernahmen das Trottgebäude und die Baumtrotte für die Verarbeitung der Trauben ihrer Mitglieder.

1 

 2

3 

Heute wird das Erntegut der Genossenschafter im Herbst in der altehrwürdigen Trotte verarbeitet und gepresst. Löhningen ist heute noch bekannt für herrliche Weine aus der Sorte Riesling-Silvaner. Die Traubenmoste werden dann frisch ab Presse in einem anderen Keller weiterverarbeitet. In Flaschen kommt der abgefüllte Jahrgang zurück für den Verkauf in die geschmückte Trotte. Die Trotte steht für Feste zur Verfügung. 2026 feiert die Genossenschaft wiederum ein Jubiläum, vielleicht wieder in einer Baumtrotte, wo herrlicher Saft aus der Rinne fliesst.

Mitten in der Trotte wurde später ein Balkon eingebaut [3]. Hier wurden wohl Erntegeräte der Bauern gelagert. Heute ist dieser Balkon wohl besser geeignet für den Brautvater, der vor versammelter Hochzeitsgesellschaft eine Rede halten möchte.

[1] Umbauvariante von der Baumtrotte zu den Korbpressen.
[2] Schrotmesser umrahmen die Jahrzahl des Baums.

Schaffhausens versteckte Trouvaillen

Auf dem Gebiet der heutigen Stadt Schaffhausen [1] wurden einmal über 200 Hektaren Reben angebaut. Die Ernte dieser grossen Fläche wurde jeweils im Herbst in 70 Trottgebäude geliefert, wo meist auch die Zehntenabgabe ans örtliche Kloster Allerheiligen abgerechnet wurde. Es stehen noch einige Trottgebäude auf Stadtgebiet, aber nur noch zwei Trotten sind mit Baumpressen belegt. Beide gehören der Stadt.

Eine dritte Trotte steht heute im Freilichtmuseum Ballenberg in Brienz. Irgendwo lagert noch die demontierte Munottrotte. Eine bauliche Lösung dafür aber scheint es nicht zu geben.

Beide noch vorhandenen originalen Trotten stehen ausserhalb einer «zonenkonformen» Nutzung. Sie wurden über Jahre als Geräteschuppen gebraucht. Die Gebäudehülle scheint im Moment gesichert. Die Qualität der historischen Holzkonstruktion der letzten Baumpressen aber bedarf einer baldigen Planung für die zukünftige Erhaltung und Nutzung der letzten Zeugen einer grossen hiesigen landwirtschaftlichen Kulturperiode.

Das Öffnen der Türen für eine Besichtigung wurde schnell von Anwohnern bemerkt, die sich interessiert zeigten für die versteckte unbekannte Trouvaille in ihrem Quartier.

1

Trotte an der Buchthalerstrasse · Schaffhausen

Denkmal ohne Zukunft

Mitte des 20. Jahrhunderts pressten die Kellerburschen ein letztes Mal Saft aus den reifen Trauben, um besten Schaffhauser Wein zu keltern.

Ein guter Kellermeister wusste, dass die feingliederige Holzspindel zu den sensiblen Organen dieser sonst robusten Holzkonstruktion zählte. Ein letztes Mal drehte ein Bursche die Spindel hoch, um die Kräfte des massigen Trottbaumes umzuleiten. Dann schlossen sie die Türe und verschlossen den Raum. Für eine ganz lange Zeit.

Im Trottenraum gibt es Zeichen an der Wand, die den Winzern den Platz zuwiesen, wo sie ihr Erntegeschirr lagern durften. Über 200 Jahre hat die kräftige, doppelte Trottbaumkonstruktion wertvolle Arbeit geleistet. Dem Erbauer stand wertvolles Eichenholz zur Verfügung. Noch heute zeigt eine saubere Sägeführung die damalige Wertschätzung für qualitatives Handwerk. Im Jahre 1711 wurde erstmals gepresst. Weitere Geschichten zum Gebäude und zur Trotte sind keine bekannt.

1

2

[1] Die Jahrzahl des Trottenbaumes.

[2] Geritzter Holzstickel. Historischer Zählrahmen für geleerte Anzahl Bücki.

Römertrotte · Büsingen

Die Grenzgängerin

Weit und breit keine Reben mehr. Um zur Trotte zu gelangen, muss auf dem Feldweg die Grenze zu Deutschland einige Male überfahren werden. Die Grenze zur deutschen Enklave Büsingen ist kaum wahrnehmbar. Auf einer kleinen Anhöhe über dem Rhein steht mitten im Gebüsch die Römertrotte. Es waren nicht die Römer, die hier eine Trotte bauten. Vielmehr zeugt der Name vom früheren Besitzer, der Familie Römer aus Thayngen. Die Römertrotte ist riesengross. Eine Trotte aus dem Jahre 1803 steht noch. Ein zweiter Trottbaum aus dem Jahre 1887 liegt zerlegt im gleichen Raum. Beide Trottbäume sind also «junge» Vertreter in der Familie der Baumtrotten.

Über Jahre wartete hier der örtliche Leichenwagen auf seinen Einsatz. Mitten in einem Lager an nicht mehr benötigten Fassdaugen von alten Holzfässern, die jede einzeln von guten und schlechten Jahrgängen zu erzählen wüsste.

1

Irgendwie strahlt der Raum eine Hoffnung aus, ein umtriebiger Kellermeister würde die Spindel der Presse wieder zu drehen beginnen. Zur Kelterung der Weine müssten nur noch die Fässer wieder zusammengebaut werden. Dutzende Fassreifen stehen bereit für den Zusammenhalt der Eichenfässer. Ein Besen müsste wohl noch durch den Raum fegen. Die Zeit aber ist vorbei.

Vielleicht tanzen künftig einmal Hochzeitspaare an ihrem schönsten Tag durch den Raum. Die Baumtrotte würde sich freuen und sofort alle gierigen Holzwürmer aus den Ritzen schütteln.

2

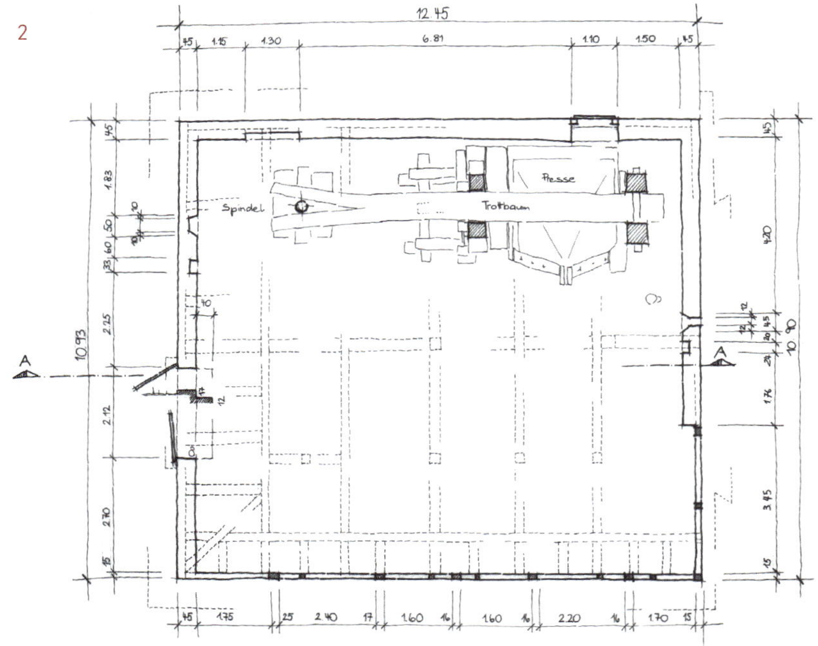

3

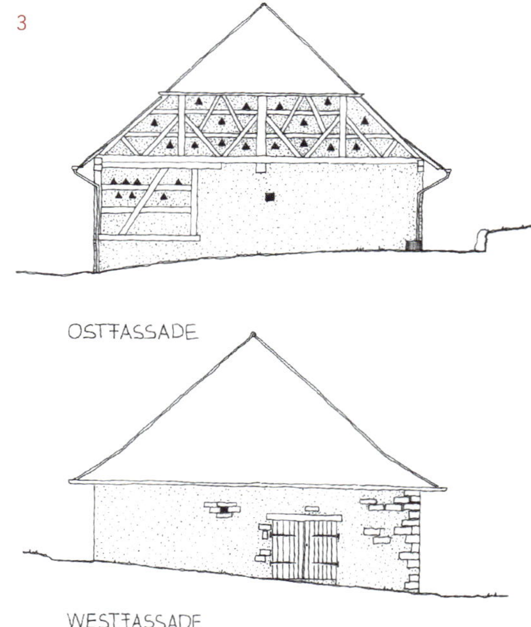

[1] Die 3-eckigen Öffnungen sind regional typisch für den Abzug von Gärgas bei der Gärung.
[2] Ursprünglich Platz für 2 Trotten. Auffallend ist die fast quadratische Form des Grundrisses.
[3] Planzeichnungen der Römertrotte aus dem Stadtarchiv Schaffhausen.

4

5

[4] Gesundes Holz.
[5] Spindelbezeichnung: 1879 ZB. Diese Spindel war offenbar ein Reparaturersatz.
[6] Fein säuberlich nummerierte Fassdaugen (auch: Fassdauben).

6

Klostertrotte Sankt Georgen · Stein am Rhein

Dem Schweizer Volk gehörend

Eine herrliche Klosteranlage liegt am Ufer des Rheins und ergänzt das wunderschöne historische Städtchen mit den mittelalterlichen bemalten Fachwerkhäusern. Diese Benediktinerabtei gilt heute als eine der besterhaltensten Anlagen der Schweiz. Die meisten Gebäude stehen hier seit dem 13. oder 15. Jahrhundert. Einen letzten grossen Anbau des Wohntraktes veranlasste der letzte Abt, David von Winkelsheim, nach 1499. Aus dem Jahre 1515 zeugt heute noch ein gut erhaltener und absolut eindrücklicher Freskenzyklus.

Die Reformation anfangs des 16. Jahrhunderts beendete die klösterliche Bestimmung. Die Anlage geriet unter die zürcherische Verwaltung.

Der Trottbaum ist datiert auf das Jahr 1711 und gehörte zu einer der 3 Trotten, die bis Mitte des 20. Jahrhunderts in der Bergtrotte Osterfingen standen.

Äusserst gefährdet war die klösterliche Anlage im 19. Jahrhundert. Das Kloster wurde als Übungsplatz und Turnhalle für die Kadetten benutzt. Ebenso machten sich Industriebauten breit. 1875 erwarb der protestantische Pfarrer Ferdinand Vetter die Anlage. Sein Sohn, ein Altphilologe, wurde zum Retter der historischen Mauern. Selbst ein erstes Museum wurde eingerichtet. 1926 gelangte die altehrwürdige Klosteranlage ins Eigentum der Eidgenossenschaft. Finanziert wurde der Ankauf aus dem

[1] Herrliche Holzarbeiten.
[2] Sehenswerte Fresken gehören zu den Gehe m-tipps eines Besuches in Stein am Rhein.

1

2

1

2

Vetter-Nachlass durch die Gottfried Keller-Stiftung. Seit 2012 gehört das Kloster Sankt Georgen zu den vom Bundesamt für Kultur direkt betreuten Bundesmuseen.

Das Wärmehäuschen von Sankt Georgen

Zu den ganz besonderen Eigenheiten der klösterlichen Trotte von Stein am Rhein gehört das Wärmehäuschen. Dieses Unikat stammt aus der Trotte in Löhningen. Wenn die Kellerburschen das Trottbett mit der Maische der angelieferten Trauben gefüllt hatten und den Trottbaum auf das Pressgut abgesenkt hatten, dauerte es doch einige Zeit, bis der Saft zu fliessen begann. Die Temperatur im Pressraum war in den nebligen Tagen des Spätherbstes doch schon merklich kühl geworden. Die Burschen konnten sich am offenen Feuer jeweils erwärmen, bis der Druck nachliess und ein zweiter oder sogar noch ein dritter Pressvorgang aufgebaut werden musste. Selbstverständlich stand auch genügend Mass Wein und wohl eine gute Wurst bereit, wenn die Nacht länger und länger wurde.

[1] Wie viele Geschichten über Wein und saure Jahrgänge könnten diese Geräte erzählen?

[2] Das Wärmehäuschen mit Rauchabzug ist wahrlich ein Unikum.

Die Kraft der Rebranken

Im Kloster und heutigen Museum St. Georgen sind einige Torbögen und Türumrandungen mit dem Symbol der Rebranken bemalt. Oft sind diese Symbole auch in den Türrahmen geschnitzt. Wissenschaftlich ist der Sinn der philosophischen und religiösen Symbolik nicht belegt. Die Deutungen sind vielschichtig, manchmal positiv, manchmal auch sehr negativ. Diese Symbole haben geografisch nicht überall die gleichen Bedeutungen. Der Betrachter aber soll sich hier freuen an der wundervoll gestalteten Kunst. Auch die Rebstöcke, die an den historischen Wänden hochgezogen wurden, sollen die Besucher erfreuen, auch wenn die Trauben manchmal sehr hoch hängen.

[1] Die ganze Geschichte eines langen Lebens – verborgen in unzähligen Schnittwunden an der Rebe.

1

Schaulager Girsbergerhaus · Unterstammheim

Neues Werken für ein altes Handwerk

Stammheim gehört zu den schönsten Dörfern mit einer intakten Baustruktur alter Fachwerkbauten. Ein jedes Haus ist fachmännisch restauriert, ein jedes Haus ist liebevoll bepflanzt. Und trotzdem leben die Bewohner in einer Welt, die Modernes zulässt und eine moderne Wohnform lebendig fördert.

In kaum einem Dorf ist auch das Handwerk so sichtbar, wie in Stammheim. Diesem Umstand widmet sich das Schaulager Girsbergerhaus mit der Gruppe «Fachwerkerleben» mit aktiven Veranstaltungen zum hölzernen Handwerk des Zimmermanns. Das Museum stellt nicht nur die Technik der Dachkonstruktionen und der Form des Fachwerkbaues in den Raum. Vielmehr können die Besucher, auch die Kinder, sich mit Werkzeugen und Hölzern aktiv und spielerisch einbringen.

Die örtlichen Trotten werden geschichtlich aufgearbeitet und mit Modellen dargestellt. Der Leiter des Museums, ein Lehrer mit gelernter Zimmermannsausbildung, ist nicht nur verantwortlich für die Didaktik der Ausstellung. Vielmehr baut er die Trottbäume im Modell nach. Für ein nächstes Winzerfest wird die letzte vorhandene Baumpresse im Verhältnis 1:4 nachgebaut. Transportabel und funktionstüchtig – selbstverständlich.

Das Original, ursprünglich 1839 für Rudolfingen gebaut, stand von 1969–2018 im örtlichen Museum Stammertal. Schon beim Aufbau musste der Trottbaum um 60–70 cm verkürzt werden. Für eine Neuorientierung des Museums musste der hölzerne Zeitzeuge aus Platzgründen gänzlich abgebaut werden.

Bereits beim Abbau des verkürzten Trottbaumes war kräftezehrende Handwerks-Arbeit gefragt. Trotz moderner mechanischer Hilfen fühlten die Beteiligten, welche Technik beim Aufbau des auf 8,5 m verkürzten Baumes vor fast 200 Jahren angewendet wurde. Die Baumtrotte liegt nun nummeriert im Lager und wartet auf einen geeigneten Standort.

Eine Eigenheit der Rudolfinger Trotte ist der unten angebaute Bibaum und die bis dato noch nie entdeckte Verwendung von geflochtenen Rohrkolben-Zöpfen [2], um das Trottbett in den Fugen abzudichten. Diese «Kanonenputzer» quellen, wenn die Baumpresse mit Wasser für die Pressarbeit vorbereitet wird.

1

[1] Handwerkerleben: Wenn das Schaulager geöffnet ist, kann der Nachbau der Trotte live miterlebt werden.

2

1

2

Übrigens: Die Baumtrotte stand zeitlebens in «falscher» Richtung im Trottgebäude. Die Spindel war im hinteren Teil des Raumes, während das Trottbett in der Nähe des Tores näher mit dem Trester beladen werden konnte.

Modell der Langhart-Trotte von 1752 vom Flösch in Unterstammheim

Bis 1937 war die Langhart-Trotte im Einsatz. Dieser Trottbaum wurde gemeinsam genutzt. Trottrechte regelten die Nutzung der Presse, aber auch den Standraum fürs Erntegeschirr. Diese Trottrechte besassen meist Besitzer von umliegenden Häusern. Das genutzte Rebland spielte dabei keine Rolle. 1938 wurde die Presse durch eine neue, moderne Presse der Firma Bucher-Guyer ersetzt. Diese Firma nutzte einige Zeit die schön gebaute Langhart-Trotte, um für den Wechsel in die moderne Technik Werbung zu machen.

Während der Landesausstellung 1939 in Zürich wurde die Stammheimer Baumpresse nochmals mit Stolz den Besuchern im Landidörfli gezeigt. Anschliessend wurde der historische Zeuge aus dem Stammertal bedauerlicherweise zu Leisten für moderne Spindelpressen und zu Brennholz verarbeitet. Das Modell gehört dem Museum Stammertal.

[1] Das von Walter Weiss gezeichnete Modell und die bereits erstellten Einzelteile, bereit zum baldigen Zusammenbau.
[2] Von Hand gesägte und geschnitzte Spindel.
[3] Modell der Langhart-Trotte.
[4] Schrotmesser.

3

4

Landolt-Trotte · Kleinandelfingen

Von der Arbeit und der Sonne gezeichnet

Das dunkel gegerbte Holz der Trotte am Fusse des Schiterbergs in Andelfingen prägt den grossen Rebberg schon von weitem. Die ehrwürdige Trotte steht draussen im Rebberg. Sie hat die Arbeit getan. Jetzt erhascht sie den interessierten Blick der Spaziergänger und erfreut die eingeladenen Weinfreunde im nahen Rebhaus. Auch diese Trotte hat mehrere Zügeltermine erlebt. Nach einer 300-jährigen Trottarbeit für die Trauben der Rebberge im Ortsteil Gretschin bei der Burgruine Wartau im St. Galler Rheintal musste die Trotte dem Bau eines Pferdestalles weichen. Das Prachtstück wurde nach Zürich in die Stadt transportiert, wo es von 1966 bis 2011 einladend vor dem Sitz von Landolt Weine aufgebaut stand. Ein eindrücklicher Wegweiser für einen städtischen Weinkeller mit Weinhandlung.

Im März 2012 zügelte Landolt die ‹alte Dame› an den Fuss des eigenen Rebbergs am Himmelsleiterli in Andelfingen.

Während Jahren durfte die ‹Dame› Trauben pressen, die an der Sonne gereift sind. Jetzt gerbt die Sonne das Holz und färbt die Jahresringe zu einem vollkommenen Bild eines historischen Denkmals.

Auffallend an der Trotte ist der Holzkorb auf dem Trottbett. Durchaus möglich, dass die Trotte auch für Obstpressungen gebraucht wurde.

1

2

[1] Presskorb und geschwungene Stabilatoren.

[2] Bis zur Astgabel ausgenutzt.

Trotte im Ortsmuseum · Marthalen

«Zeitzeuge»

Es ist nicht jeder Baumtrotte vergönnt, neben einer alten Turmuhr zu stehen. Im Ortsmuseum Marthalen werden viele örtliche Gegenstände gesammelt und einer interessierten Bevölkerung in einem historisch schön renovierten Fachwerkhaus gezeigt. Neben der alten Kirchturmuhr werden Stoffe aus der hiesigen Färberei ausgestellt, aber auch Feuerwehrgerätschaften und eine schöne Sammlung von landwirtschaftlichen Werkzeugen und ersten Maschinen.

Mittendrin steht eine sauber gebürstete Baumtrotte aus dem Jahre 1841 mit einem Trottbaum von 1746. Kein Holzwurm wagt es, an diesem örtlichen Denkmal der Weinkultur zu knabbern ...

Die beiden Jahreszahlen sagen uns, dass die Trotte wohl einst aus zwei bestehenden Trotten zusammengesetzt wurde. Lange Jahre stand sie in einem anderen Gebäude im Mitteldorf [1], bevor sie beim Schützenhaus zwischengelagert wurde und dann im Museum einen würdigen Platz fand. Immerhin stand hier früher schon einmal eine Trotte. Die originale Spindel ist wohl einmal für ein wärmendes Holzfeuer missbraucht worden ...

Im Museum steht neben einer Kirchturmuhr auch ein besonderes Gefährt zum Transport von Baumstämmen und schweren Balken. Ob die tonnenschweren Trottbäume so transportiert wurden, weiss man heute nicht mehr. Ein Transport vom Wald zur Trotte soll damals grosse Teile der männlichen Bevölkerung beschäftigt haben.

1

2

3

[1] Baumstamm-Transportwagen.
[2] Rünni-Hahnen am Trotttisch.
[3] Traubenraspel-Abbeergerätschaft.

Baumpresse · Bachenbülach

Das Möbel in der guten Stube

Kein Problem: Eine frisch getraute Braut könnte jederzeit auf der historischen Baumtrotte für ein Foto Platz nehmen, ohne dass die weisse Seide Schaden nimmt oder staubig wird. Diese Trotte ist entwurmt, gebürstet und fein säuberlich lackiert. Fast ein Möbelstück in der guten Stube.

So ganz einfach ist die Trotte in Bachenbülach nicht zu finden. Der historische Zeuge einer längst vergangenen Rebkultur ist in einem stattlichen Fachwerkbau eingebaut. Mit gutem Recht erzählen die Verantwortlichen dieser Trotte, dass der Baum dieser Presse im Gründungsjahr der Eidgenossenschaft irgendwo in der Region angefangen hat zu wachsen. Mit 300-jährigem Eichenholz wurde 1660 diese Trotte gebaut. Die Spindel wurde erstmals 1767 ersetzt. Sie wurde durch die Nachtknaben beim Drehen an der Wand zerrissen. Das Trottgebäude wurde um die Presse herumgebaut. 1923 wurde die Trotte letztmals betrieben.

Der Einbau verhinderte glücklicherweise ein späteres Herausnehmen des Baumes. Auf der Landesausstellung «Landi» in Zürich wollte man diesen Zeitzeugen im Jahr 1939 den Besuchern präsentieren. Man hätte für dieses Vorhaben allerdings nicht nur die Seitenmauer des Hauses öffnen, sondern auch das ganze Nachbarhaus abbrechen müssen.

Erst 1949 wurde der Wert dieses hölzernen Kunstwerks erkannt und der Bevölkerung wieder stolz präsentiert. Bachenbülach feierte 100 Jahre Selbstständigkeit. Als Agraringenieur interessierte sich der Gemeindepräsident Johann Jakob Maag besonders für die Trotte. 1954 kaufte er sie für die Gemeinde. Ein erster Schritt für den Erhalt dieses Museumstückes mitten im Dorf. Die Liegenschaft wurde erst später gekauft und von der Gemeinde zu einem schönen Raum für örtliche Veranstaltungen umgebaut. Freunde der bäuerlichen Heimatkunde, die Lesegesellschaft und eine neugegründete Fördervereinigung waren mitbeteiligt an der Umsetzung des regional gut vernetzten Projektes.

1976 wurde durch den Männer- und den Frauenchor (für die Arbeiten im Rebberg und an Festen) eine Parzelle Reben gepachtet und in der Trotte erstmals ein Trottenfest durchgeführt. Selbstverständlich durfte auf Anordnung des späteren Gemeindepräsidenten Albert Maag im Trottgebäude kein Bier ausgeschenkt werden …

Das wunderschöne Fachwerkhaus mitten in Bachenbülach mit der verborgenen historischen Baumpresse ist in einem erfreulich intakten Zustand. Die gute Stube mit dem ehrwürdigen Ungetüm kann für private Anlässe gemietet werden.

Geschichte zu den Trotten in Flurlingen

Grosse Teile des Westabhanges des Kohlfirstes kamen erst 1501 zur Grafschaft Kyburg und so zum Kanton Zürich, einige sogar erst 1544, also 193 Jahre nach dem Eintritt Zürichs in die Eidgenossenschaft. Die begehrten Ländereien sind über die Jahrhunderte auch öfters einmal von Kloster zu Kloster und von Grafschaft zu Grafschaft hin und her vererbt, verkauft oder verschenkt worden. Die Reben von Flurlingen wechselten somit zwischen den Klöstern Rheinau, Allerheiligen Schaffhausen, des Klosterguts Paradies in Schlatt, der Pfarrkirche in Laufen (zu Konstanz gehörig) und letztlich in den Besitz der Grafschaft Kyburg.

In den grossen Rebbergen der Stadt Schaffhausen, Neuhausen und im angrenzenden Kohlfirst unterhielten neben den Klöstern auch viele reichere Stadtbewohner, Spitäler, Heime und Siechenhäuser ihre eigenen Rebparzellen. Sogar die Hebammen hatten ihren eigenen Rebberg mit Trotte, um den Hebammenwein zu produzieren. Diese Hebammentrotte wurde 1907 abgebrochen.

Die Karte von Flurlingen [1] aus dem Jahr 1917 zeigt, dass die Parzellen sehr klein waren. Noch vor 150 Jahren hatte Flurlingen über 100 Rebbesitzer.

Bestockt waren diese Parzellen vorwiegend mit weissen Trauben der Sorte Elbling und Räuschling. Erst im 19. Jahrhundert kam die Sorte Grauburgunder dazu. Der Legende nach soll diese Sorte, eine natürliche Pinot-Mutation, aus Frankreich nach Ungarn und wieder zurück ins Elsass und auch in die Schweiz gekommen sein. Seit dieser Zeit wird diese Sorte auch in Flurlingen noch als Tokayer bezeichnet.

Die Pressarbeit dieser weissen Sorten war nicht immer einfach. Unreifes Traubengut musste über Stunden gepresst, geschrotet und nochmals gepresst werden. Oft brauchte es die ganze Nacht für einen Durchgang.

Die Vielfalt der Besitzverhältnisse und die schwierigen Weissweinsorten verlangten nach vielen Keltermöglichkeiten.

Das Traubengut wurde oft nicht zu den Besitzern abgeführt. Vielmehr stellte man die Trotten mitten in den Rebberg, möglichst in die Nähe der Reben.

Alleine in Flurlingen standen 36 Baumtrotten. 19 Trotten im Rebberg und 17 Trotten waren Haustrotten. Andere Quellen sprechen von 29 Trotten. Sie standen also im Keller des Wohnhauses oder im dazugehörenden Ökonomiegebäude. Durchschnittlich teilten sich jeweils 3 Bewirtschafter eine Trotte, die für eine Fläche von 4-5 Jucharten arbeitete. In Rheinau mit 4 Trotten teilten sich in etwa 27 Rebbesitzer eine Trotte. Je Trotte wurden hier Trauben aus somit 14 Jucharten gepresst.

Jede Trotte war im Grundbuch aufgeführt. Die jeweiligen Baumtrotten hatten einen eigenen Eintrag. So konnte auch später nachgewiesen werden, wann der Trottbaum entfernt wurde. Die Einträge im Grundbuch beinhalteten auch die Trottrechte. Diese Rechte auf Benutzung der Kelter konnten erworben, gehandelt und vererbt werden. Meist wa-

2

[2] Recht auf Standenplatz: Hier Besitzer Nr. III in der Stantenwegtrotte in Flurlingen.

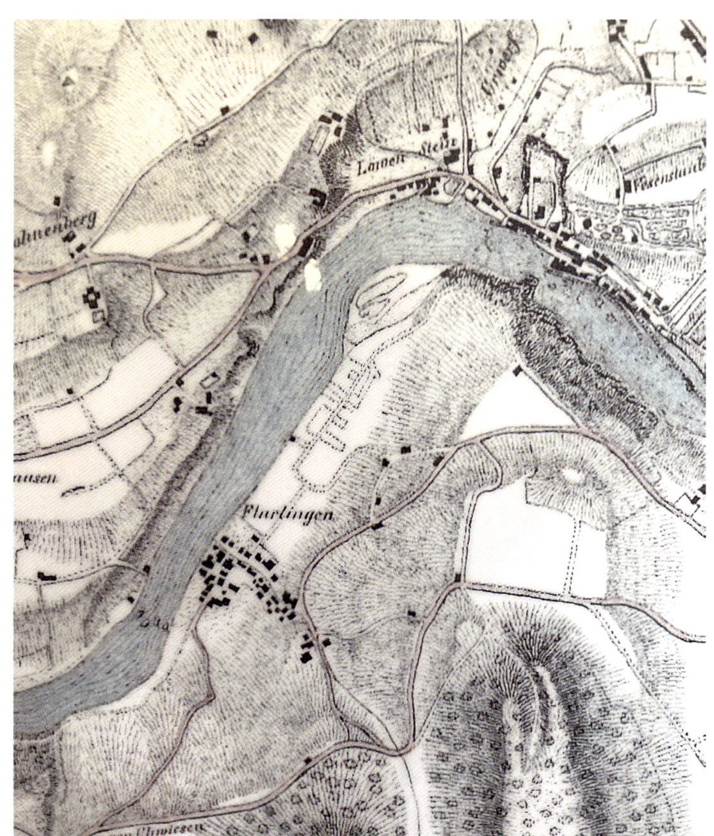

1

ren dabei auch Zuber- und Standenplätze im Trottgebäude aufgeführt.

Diese Anteile zersplitterten oft durch die damaligen Gesetzgebungen im Erbrecht.

Diese Rechte wurden vielen Trotten später zum Verhängnis. Nach dem Niedergang des Rebbaus wegen Krisenzeiten, Krankheiten und Importen von besseren Weinen aus dem Ausland verwahrlosten viele Gebäude. Einzelne Besitzer von Trottrechten waren ausgewandert und somit nicht mehr für wichtige Entscheide verfügbar.

Trotten wurden als Lagerräume gebraucht oder verfielen. In Benken hat die letzte Trotte eine solche Geschichte erlebt. Schliesslich hat dort die Gemeinde die Trotte übernommen und einem Verein zur Bewirtschaftung übergeben. Auch an anderen Orten ist die Gemeinde zum Retter der historischen Weinbaukultur geworden.

Zu den Trotten gehörte in Flurlingen oft auch ein Recht auf Bezug von Steinen für den Bau und den Unterhalt der Gebäude aus dem nahen Steinbruch. Die Bauart mit Steinen hat sich aber in den Jahrhunderten verändert und vermischt. Die geflochtene Wandstruktur [3] für den Auftrag von Mörtel wurde ebenso angewandt, wie auch Reparaturen mit Ziegeln und Backsteinen [4].

3

4

Trotten von Flurlingen · Flurlingen

Kurz, aber kräftig

Die Gemeinde am Cholfirst hatte einmal 39 Trottgebäude. Die Steuerrodel des Jahres 1460 zeigen, dass sich alle Dorfeinwohner als Rebleute bezeichneten. Heute gibt es in der Gemeinde nur noch einen einzigen Rebbetrieb. Die Trottgebäude haben inzwischen ausgedient. Nur noch 4 Gebäude stehen heute in der Gemeinde. Drei davon stehen für Anlässe zur Verfügung. Eine einzige Trotte besitzt noch einen Trottbaum.

Die Hirschentrotte

Dieser Torkel ist sehr kompakt gebaut. Um das Gewicht auf den Trester zu erhöhen, wurde der Baum doppelt geführt. Die einzige Angabe eines Jahrgangs ist auf dem Twärholz zu finden. Dieser Querbalken, der das Gegengewinde der Spindel bildet, zeigt das Jahr 1791. Spindel und Twärholz mussten aber immer wieder ersetzt werden. Die Überbeanspruchung dieser Holzteile führte auch bei sorgfältiger Behandlung und guter Schmierung immer wieder zu Brüchen. Also dürfte das Trottbett wesentlich älter sein. Eindrücklich an diesem Trottbaum sind die schönen Zimmermannsarbeiten mit den wirksamen Verkeilungen und den schön ausgearbeiteten Verbindungen.

Auch das Trottgebäude der Hirschentrotte ist sehenswert. Die Konstruktion zeigt aussen einen originellen Riegelbau und im Innern einerseits Mauern aus örtlichen Steinbrüchen (Rechte an Steingruben) und anderseits mit Mörtel verputzte, geflochtene Wände. Die Trotte steht mitten im Dorfkern. Ein neu angelegter Rebberg umfasst dieses schöne und historisch wertvolle Kulturobjekt.

Die Schiltlitrotte

Diese Trotte [1] war die letzte, die ausgeräumt wurde. 1965 wurde die Trotte demontiert. Die damalige Besitzerin, die Bindfadenfabrik Arova wollte die Presse den Initianten eines Museums am Zürichsee verkaufen, um ihrerseits die schon gekaufte Trotte wieder nach Rorbas zurückzubringen. Dieser Kauf kam aber nicht zustande (siehe Trotten Weinbaumuseen Au und Holzhausen). Die Schiltlitrotte wird heute als Schopf benutzt. Anwohner erinnern sich, dass die obere Hauswand grossflächig entfernt werden musste, um den Trottbaum herauszunehmen.

Die Stantenwegtrotte oder Bergtrotte

Der Namen dieser Trotte [2] kommt wohl vom Weg, an dem die Standen und Zuber aufgereiht für die Pressarbeit standen. Dieses imposante Gebäude steht weit oberhalb des Dorfs, dort wo früher auch die Reben angepflanzt waren. Erstmals urkundlich erwähnt wird der Bau 1592. Diese ausgeräumte Trotte zeigt schön das Vorhandensein von Standrechten für die Zuber und das Erntematerial. Jedes Abteil im Anbau ist einem Trottrecht zugewiesen. Die Beschriftungen sind immer noch vorhanden.

Diese, wie auch die beiden anderen Trotten können bei der Gemeinde gemietet werden. Vorrang haben allerdings örtliche Bewohner und Vereine.

1

2

Haustrotte · Benken

Die Eingeklemmte

Die Trotte in Benken gehört zur Kategorie der Haustrotten. Mitten im schützenswerten Dorfteil der Weinbaugemeinde am Kohlfirst ist das Vorhandensein einer Baumtrotte nicht zu erkennen. Im Innern des Gebäudes zeigt sich, dass der eingebaute Wohnraum in die Arbeitsfläche der hölzernen Kelter ragt. Die gesamte Kelteranlage kann von keinem Standort überblickt werden. Über die Geschichte dieser Trotte ist nur wenig bekannt. Die einzige Jahrgangsinschrift ist an der Spindel angebracht. 1820. Diese kunstvolle Holzarbeit der Spindel scheint aber kaum identisch zu sein mit dem Alter des Betts oder des Baums. Gerade Spindeln mussten öfters nach einem Bruch ersetzt werden. Ursprünglich war die Trotte mit einigen Trottrechten im Grundbuch eingetragen. Diese Rechte prägten auch die letzten Jahrzehnte. Streitigkeiten einerseits und das Wegziehen von Rechtbesitzern andererseits verhinderten eine Lösung für den Fortbestand des historischen Zeitzeugen für die reiche örtliche Weinbaugeschichte. Die Trotte wurde jahrelang als Lagerraum genutzt. Für das Weinländer Herbstfest am 1./2. Oktober 1976 besann man sich auf diesen Zeitzeugen. Die Gemeinde kam in den Besitz des Gebäudes und konnte die noch vorhandenen Rechte ablösen. Nach einer Entrümpelung übernahm die 1977 gegründete Trottengesellschaft mit über 160 Mitgliedern den Trottraum zur Bewirtschaftung durch Vermietungen und die Durchführung von Anlässen.

1

2

[1] Kunstvoll beschnitzte Spindel aus dem Jahr 1820.
[2] Zuberbuchhaltung einer letzten Ernte.

Trotte im Museum Neftenbach · Neftenbach

S'Zämesetzspieli

Es gibt einige Trottgebäude in der Schweiz, in denen der einstige Trottbaum einem neuen Zweck weichen musste. Einige wenige Trottengebäude wurden einem neuen Zweck zugeführt. Beteiligte Weinbauern hatten immer Bedarf an einem Lagerplatz für das Lesegeschirr oder andere Utensilien und Geräte des Bauernhofs. Einige wenige Gebäude wurden von der öffentlichen Hand gekauft, um die dorfgeschichtliche Umsetzung als Museum aufzubauen. Je mehr sich in der 2. Hälfte des 20. Jahrhunderts die örtlichen Weine dank Mengenbegrenzung, neuer Kellertechnik und auch durch den Einfluss des Klimawandels zu einem herrlichen Getränk entwickelten, wuchs auch das Bewusstsein, diesem Kulturgut in Museen Raum zu geben.

In der Dorftrotte Neftenbach wurde die Baumpresse bereits im Jahre 1884 abgebaut. Nach mehrmaligen Besitzerwechseln, zuerst zu einem Weinhändler und dann zu mehreren Landwirten, gelangte das Gebäude in den Besitz eines Bäckers, der eine Wohnung einbaute. 1926 übernahm die Gemeinde Neftenbach das Gebäude und richtete Wohnungen für ein Armenhaus ein. 1971 wurde ein erstes Orts- und Weinbaumuseum eingerichtet. Dafür suchte die örtliche Kulturkommission eine Baumpresse. Fündig wurde sie 1974 auf dem Landwirtschaftsgut Frischenberg oberhalb Sax in der Gemeinde Sennwald SG, wo sie von der Besitzerin, Frau Allenspach aus Steg im Tösstal, eine Trotte für Fr. 7000.– kaufen konnte. Das Museum wurde 1991 von der Gemeinde übernommen und 1993 wieder eröffnet.

Die hölzerne Presse musste aber zuerst einmal gründlich renoviert werden. Es mussten Balken ersetzt und Wurmgänge behandelt werden. Viele Balken sind Einzelstücke. Sie gleichen in der Parallelität nur wenig dem jeweiligen Zwillings-Partner im Hin-

[1] Museum Neftenbach – Kultur und Begegnung (links). Stadttrotte Winterthur mit historischen Zimmern und Weinbauausstellung (rechts).

1

ter- und im Vorderstüüd. Solche über die Jahre zusammengebauten Pressen sind nicht unüblich. Bei Schäden an der Konstruktion holte man sich oftmals Ersatz bei einer bereits abgebauten Baumpresse.

Während der grosse Trottbaum die Jahrzahl 1831 trägt, finden wir auf der Spindel den Jahrgang 1865. Einzelne, wohl später ersetzte Balken tragen Initialen, die auf den Spender oder einen früheren Besitzer hinweisen.

Im Jahre 2021 wurde in der Dorftrotte das untere Kellergeschoss mit der Baumpresse aufgewertet. Im oberen Stockwerk ist die Ausstellung dem Flachsanbau gewidmet.

In der oberen Stadttrotte wurde die Baumpresse 1892 zum Abbruchpreis von Fr. 300.– von der Maschinenfabrik Bucher in Niederweningen gekauft. Daraus erstellte der Pressenbauer Kleinpressen aus Eichenholz.

In der Stadttrotte wurde der Vertrag Ende 2021 mit der Stadt Winterthur aufgekündigt. Das Gebäude mit den herrschaftlichen Zimmern wird nun von einem Winterthurer Weinproduzenten genutzt.

1 8 6

MLAB.

Herrentrotte · Wiesendangen

Schepsi alti Dame

Nach 350 Jahren darf eine ‹alte Dame› durchaus schräg in der Stube stehen. Manch guter Jahrgang, aber auch bittersaure Jahrgänge sind in diesen langen Jahren mit der Herrentrotte gepresst worden und sind durchs Rünni in den Zuber geflossen.

Es gibt Trotten, da ist kein Jahrgang verbrieft. Und es gibt Trotten, da haben Spezialisten die Jahrringe des Holzes vermessen und einer Zeitepoche zugeordnet. Die Herrentrotte ist nie untersucht worden. Die zahlreichen Meister ihres Handwerkes haben an den jeweiligen Balken das Herstellungsjahr, oft meist auch ihre Initialen eingeschnitzt. Darum darf angenommen werden, dass der grosse Trottbaum im Jahre 1670 aufgestellt wurde. Die Trottengemeinschaft musste aber schnell feststellen, dass die Erhöhung des Pressgewichtes eine bessere Ausbeute bringen dürfte. Darum wurde im Jahre 1674 ein zusätzlicher Baum auf den ersten befestigt.

Die Trotte verfügt über 2 Trottbetten. Ein vom Zerfall gezeichnetes, älteres Trottbett und ein nachgebautes Bett, dass noch heute einer einwandfreien Pressarbeit Genüge leisten könnte.

Das ehrwürdige Trottengebäude, mitten im Rebberg gelegen, ist aber viel älter. Es wird ins Jahr 1583 datiert. Die Eigentümerin der Trotte ist die Stadt Winterthur. Die Bewirtschafterin der umliegenden Reben ist heute die Rutishauser – Divino SA in Winterthur, die die Trauben in der naheliegenden Stadt zu feinen Weinen verarbeitet. In der Trotte ist ein fein eingerichtetes Keller-Gesellenzimmer, das dem Stadtrat für gelegentliche Sitzungen im abgeschirmten Rahmen dient. Nach dem Ende der eigenen Verarbeitung der Stadtreben und dem Beginn der Verpachtung des Rebberges fehlte dem ehrwürdigen Gebäude mit der historischen Baumtrotte auch der Zweck eines regelmässigen Betriebs für interessiertes Publikum. Ein letzter Druck für einen Anlass wurde Ende der 1990er Jahre vom letzten städtischen Rebmeister erfolgreich durchgeführt. Es blieb aber bis dato bei diesem Probedruck. Inzwischen hat die ‹alte Dame› ein wenig ‹Arthrose› bekommen und steht leider etwas scheps auf dem Sockel. Sie wartet auf eine Verjüngungskur und viele fröhliche Gesichter, die sie tanzend und singend umringen …

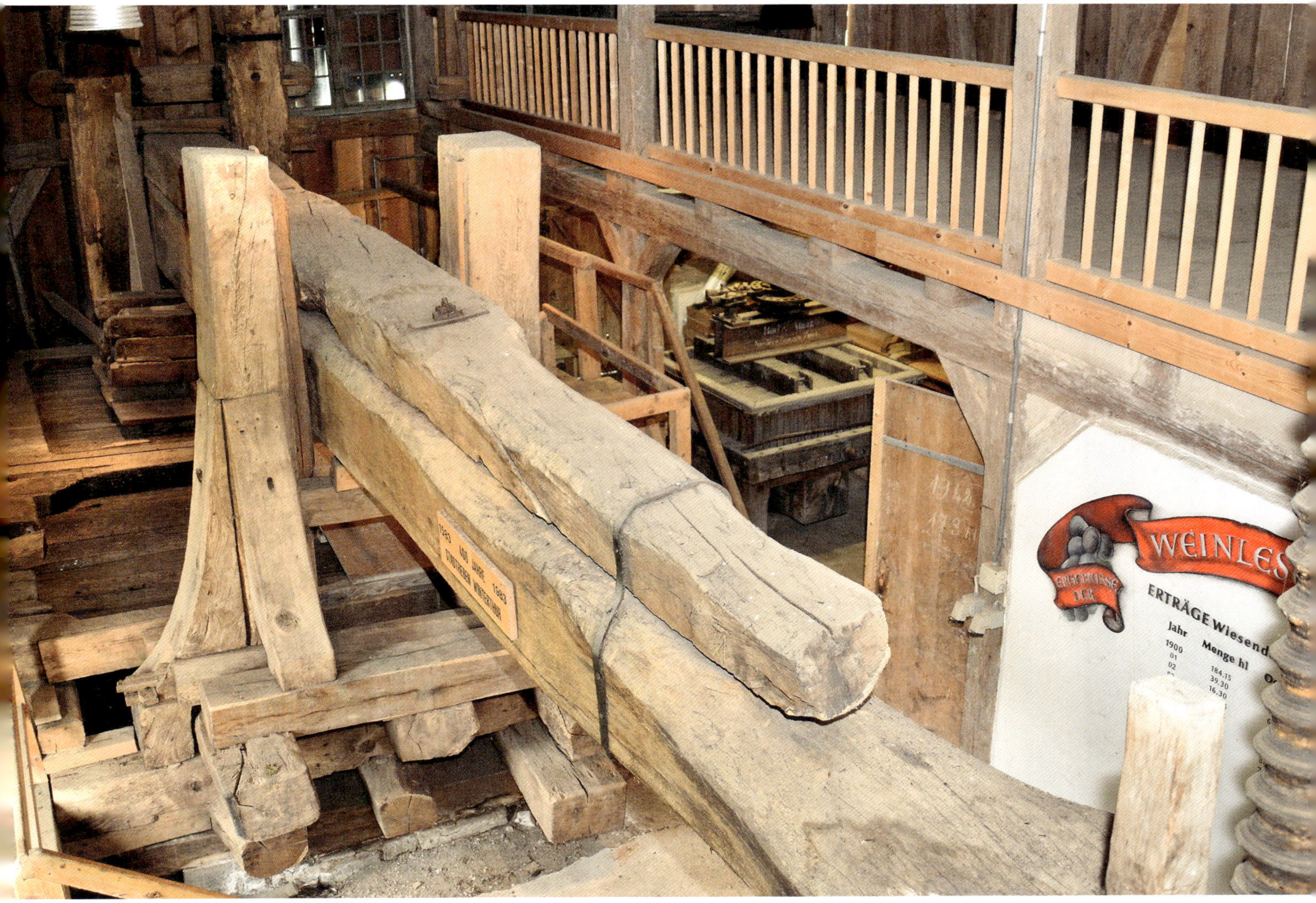
400 JAHRE
WEINLES
ERTRÄGE
Jahr
Menge hl

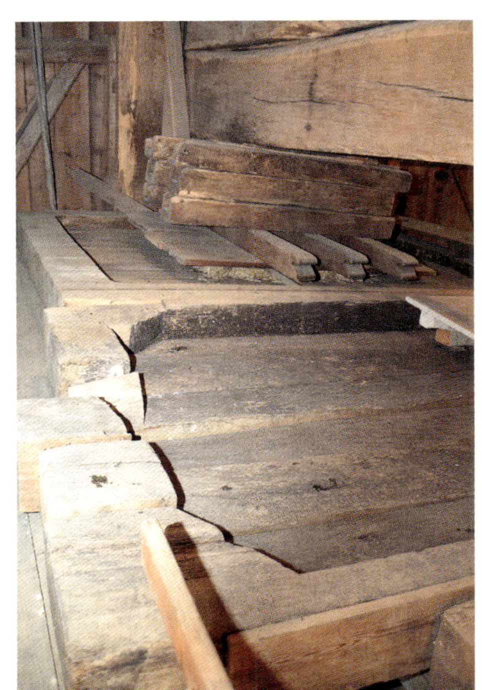

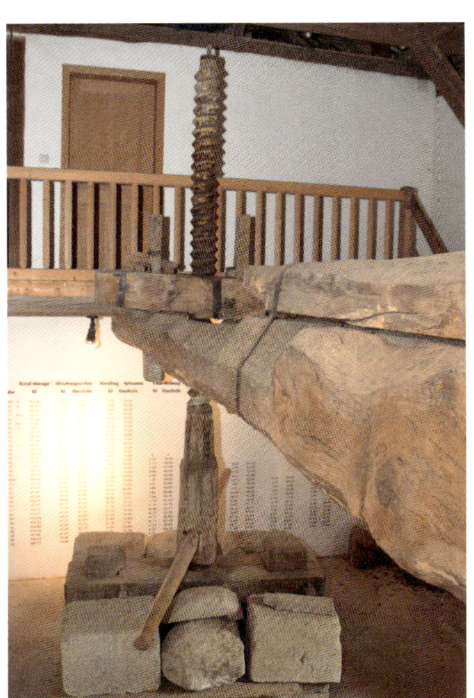

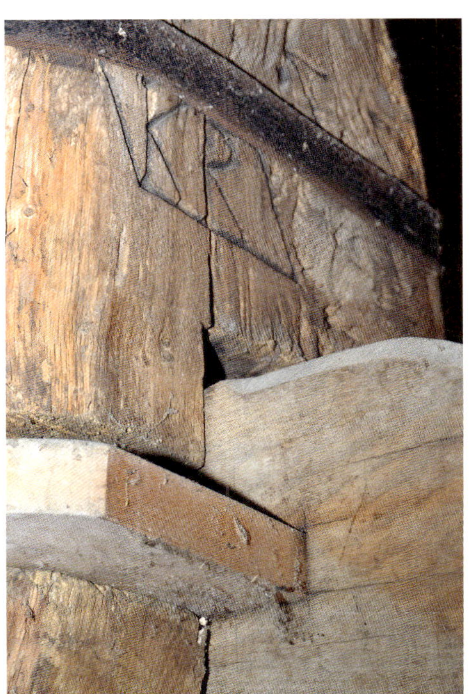

Humbergtrotte · Elgg

Von zweien oder dreien das Beste

Ein feiner Duft weht durch das Heimatmuseum Elgg. Die Zeit der Erntearbeiten scheint abgeschlossen. Das Erntegeschirr ist gewaschen und bereit für nächste gute Ernten. In den Räumen riecht es nach Gewürzen im warmen Glühwein. Es ist Weihnachtszeit. Die Dorfbewohner sind eingeladen, fein gebackene Guetzli zu kaufen. Die Freunde alter Feuerwehrgerätschaften plaudern von alten Zeiten, in der Hand einen Becher Glühwein aus einheimischem Weingarten.

1947 wurde auf der Humbergtrotte ein letztes Mal gepresst. Es muss ein Freudentag gewesen sein. Noch heute wird landesweit dieser Jahrgang als einer der besten gefeiert. In Elgg aber reduzierte sich die Fläche von einst 54 Hektaren (18./19. Jh.) jetzt sehr schnell. 1955 wurden die letzten Rebstöcke ausgerissen. Die 5 lokalen Trotten verloren ihre Bedeutung und auch ihre Aufgabe. Seit 1985 werden wieder 28 Aren Riesling-Silvaner am Humperg (früher Humberg mit ‹b›) bewirtschaftet, aus purer Freude an einer alten Tradition. Immerhin ist der Rebberg der Familie Lehmann einer der höchstgelegenen Weinberge des Kantons Zürich.

Die Humbergtrotte zeichnet ein farbiges Bild. Verschiedene Holzfarben mit einigen Hinweisen auf eingeschnitzte Jahrzahlen lassen vermuten, dass diese Trotte einmal aus verschiedenen Trotten zusammengesetzt wurde. Sogar der Hinterstud besteht aus zwei verschiedenen Hölzern, aus verschiedenem Holzschlag (1785 und 1866). Das Twärholz mit dem Muttergewinde für die Spindel ist sogar nochmals 40 Jahre älter (1744). Dieses Prachtstück einer Trotte zeigt aber noch weitere Eigenheiten. Der Trottbaum besteht aus zwei vollständigen,

1

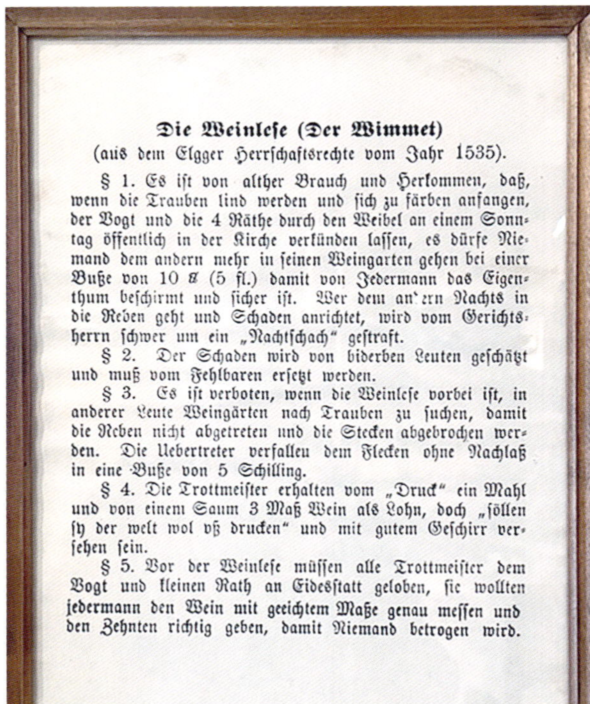

Die Weinlese (Der Wimmet)

(aus dem Elgger Herrschaftsrechte vom Jahr 1535).

§ 1. Es ist von alther Brauch und Herkommen, daß, wenn die Trauben lind werden und sich zu färben anfangen, der Vogt und die 4 Räthe durch den Weibel an einem Sonntag öffentlich in der Kirche verkünden lassen, es dürfe Niemand dem andern mehr in seinen Weingarten gehen bei einer Buße von 10 ℔ (5 fl.) damit von Jedermann das Eigenthum beschirmt und sicher ist. Wer dem an'ern Nachts in die Reben geht und Schaden anrichtet, wird vom Gerichtsherrn schwer um ein „Nachtschach" gestraft.

§ 2. Der Schaden wird von biderben Leuten geschätzt und muß vom Fehlbaren ersetzt werden.

§ 3. Es ist verboten, wenn die Weinlese vorbei ist, in anderer Leute Weingärten nach Trauben zu suchen, damit die Reben nicht abgetreten und die Stecken abgebrochen werden. Die Uebertreter verfallen dem Flecken ohne Nachlaß in eine Buße von 5 Schilling.

§ 4. Die Trottmeister erhalten vom „Druck" ein Mahl und von einem Saum 3 Maß Wein als Lohn, doch „söllen sy der welt wol vß drucken" und mit gutem Geschirr versehen sein.

§ 5. Vor der Weinlese müssen alle Trottmeister dem Vogt und kleinen Rath an Eidesstatt geloben, sie wollten jedermann den Wein mit geeichtem Maße genau messen und den Zehnten richtig geben, damit Niemand betrogen wird.

3

zweiastigen, übereinandergelegten Bäumen. Einer der beiden soll aus der Nachbargemeinde Ettenhausen stammen. Das lässt die Trotte kurz, aber sehr massiv erscheinen. Passend in die vorhandene Breite des ehrwürdigen alten Museumgebäudes.

Der Trottstein ist im Boden versenkt [1]. Eine Technik, die sonst meist in Graubünden und im Fürstentum Liechtenstein zu finden ist. Im Heimatmuseum Elgg ist diese Öffnung im Boden mit einem Gitter besonders feiner Schmiedekunst geschützt.

Das Trottgebäude [2] wurde 1849 von der Zivilgemeinde gekauft und im Jahre 1867 nahezu vollständig neu erbaut. Nach einer Renovation wurde das Haus 1977 zum Heimatmuseum.

Im Heimatmuseum Elgg sind herrliche Dokumente aufgehängt [3], die wunderbare Bilder aus vergangenen Zeiten auferstehen lassen. Alle ausgestellten Gegenstände stammen ausschliesslich aus Elgg oder der Umgebung.

2

Dienst- & Besoldungsreglement der Trottmeister in Elgg

§1 Die Trottmeisterstellen werden jedes Jahr im Monat September behufs Wiederbesetzung zur freien Bewerbung ausgeschrieben. Die Wahl erfolgt durch die Vorsteherschaft in geheimer Abstimmung. Diejenigen Trottmeister, welche zum ersten Mal neu gewählt werden, sind vom Gemeindepräsidenten für ihre getreue Pflichterfüllung als Handgelübde zu nehmen.

§2 Die Trottmeister stehen unter der unmittelbaren Aufsicht des Kellerverwalters und des Gemeindepräsidenten und sind verpflichtet, deren Aufträge pünktlich Folge zu leisten. Dieselben haben im allgemeinden folgende Dienstobliegenheiten zu besorgen:

§3 Der Trottmeister empfängt vom Kellerverwalter alljährlich das für die Trotte benötigte Trottengeschirr zu welchem Zwecke er bestmöglichste Sorge zu tragen hat. Dasselbe ist nach Beendigung wieder gereinigt an denselben persönlich abzuliefern. Die Trottmeister sorgen wenn immer möglich für rechtzeitiges Auffassen von Regenwasser zum Verschwellen des Trottgeschirrs, welche Arbeit sorgfältig ausgeführt werden muss.

§4 Mit beginnender Weinlese beginnt der ordentliche Trottendienst und es darf nunmehr kein Trottmeister ohne Erlaubnis der Vorsteherschaft die Trotte verlassen. Ausserordentl. Stellvertreter bezeichnet die Vorsteherschaft.

§5 Der Trottmeister weist den Trottengenossen das benötigte Geschirr an und sorgt für eine angemessene Beleuchtung und Beheizung. Er hat bei allen benützten Weinstanden fleissig nachzusehen, ob dieselben gehörig in Ordnung sind und kein Wein verloren gehe. Er hat ferner dafür zu sorgen, dass der Wein unverfälscht in die Trotte gebracht und demselben keine fremdartigen Stoffe beigemischt werden. Es darf kein Träsch angestellt und kein künstlicher Wein ausgepresst werden, auch kein Trottgeschirr an Private aushin gegeben werden ohne spezielle Bewilligung. Zu Hause rein gestossene Trauben dürfen nicht in die Trotte geführt werden.

§6 Wenn in einer Stande der Wein oder das Träsch nach Essig oder stark gräulich riecht, ist sofort der Kellerverwaltung und dem Eigentümer davon Anzeige zu machen, welche erstere das Notwendige anzuordnen hat. In allen Fällen ist der Trottlohn vorläufig besonders aufzubewahren und das gebrauchte Geschirr und Druckbett sorgfältig zu reingen, bevor wieder anderer Wein geschüttet und ausgepresst wird.

§7 Der Trottmeister besorgt das Weinausmessen mit dem hierfür extra vom Winzermeister bezeichneten Geschirr. Er ist hiebei bei seinem Dienstgelübde verpflichtet, jedem ohne Unterschied das vorgeschriebene Mass genau auszumessen. Der Trottlohn soll sowohl vom Vorlass als vom Nachdruck genommen werden und beträgt per halben Hektoliter 2 Liter. In der Regel ist der Trottlohn vom roten und gemischten Wein in besondere Fässer zu bringen. Es ist derselbe an sicherem Ort aufzubewahren und der Trottmeister ist dafür verantwortlich, dass derselbe unverfälscht und in vorgeschriebenem Quantum abgeliefert werde.

§8 Das jedem Trottengenossen ausgemessene Quantum Wein, der davon genommene Trottlohn, sowie der Name des Trottengenossen soll dem dazu bestimmten Trottenbüchli deutlich und pünktlich verzeichnet werden und zwar ist der rote und gemischte Wein auch als Trottlohn getrennt zu notieren.

§9 Der Trottmeister ist berechtigt, den Trottengenossen auf Verlangen von ihrem eigenen Wein Muster abzulassen, dagegen ist es untersagt, denselben Wein in unbescheidenem Masse nach Hause zu geben oder in die Trottenstube zum Vertrinken. Er hat namentlich dafür zu sorgen, dass in der Trotte überall Ordnung und Reinlichkeit stattfindet und dass weder Kinder noch unberechtigte Personen den Trottgenossen überlästig und dem Trottdienst hinderlich werden. Er ist verpflichtet, solche Personen ernstlich zu mahnen oder wegzuweisen und bei grobem Ungehorsam dem Gemeinderat zur Bestrafung überweisen.

§10 Die Trottgenossen sollen in der Regel in der Reihenfolge ihrer Anmeldung und an den ihnen diefalls bezeichneten Tagen ihren Wein keltern. Abänderungen dürfen ausnahmsweise nur bei solchen Trottengenossen stattfinden, welche ihren Wein an fremde Käufer auf bestimmte Zeit abliefern müssen. Diefalls streitige Fälle entscheidet der Gemeindepräsident nach Anhörung der Parteien endgültig.

§11 Am Schluss des Trottendienstes ist das Druckbett, sämtl. Trottengeschirr, sowie die Räume des Trottengebäudes in- und auswendig zu reinigen, den Hofraum zu säubern, die unbrauchbaren Kufen anzuschreiben und hierfür sowie über mangelndes neues Geschirr Bericht an die Kellerverwaltung abzustatten. Der Kehricht und Dünger ist noch im Laufe des Herbstes wegzuführen.

§12 Damit der Trottmeister zu jeder Stunde seinen Dienst pflichtgetreu vorstehen kann, hat er strenge Nüchternheit und Mässigkeit zu befleissen. Der Lohn des Trottmeisters beträgt für jeden ordentlichen Trottendienstes Fr. 2.–. Für die Vorarbeiten: Verschwellen, Stellen der Kufen und Holz bereit legen, wird extra entschädigt.

Elgg, im September 1893

Trotte im Museum zur Farb · Stäfa

Eingebettet in Kunst und Kultur

Auch wenn diese Trotte nie in diesem Haus herbstliche Arbeit verrichtete, zeigt das Vorhandensein einen Bezug zur rebbaulichen Kultur in der grössten Weinbaugemeinde des Kantons Zürich. Schon allein die Grösse des Ausstellungsobjekts hätte einen guten Arbeitsablauf kaum zugelassen.

Die ursprüngliche Baumtrotte aus der herrlichen historischen Baugruppe «zur Farb» wurde schon 1886 für Fr. 200.– nach Wädenswil verkauft. Ein Zeichen, dass man im Rebbau keine Zukunft mehr sah. Die Reblaus und der wirtschaftliche Niedergang wirkten mit grossen Kräften auf diese landwirtschaftliche Kultur.

Die jetzige Trotte wurde in den 1940er Jahren aus dem Klosterhof im aargauischen Remetschwil nach Stäfa gebracht. Sie misst etwa 11 Meter und zeigt eine Höhe von 5 Metern. Immerhin wiegt sie gut 15 Tonnen.

Heute gehört diese Trotte zu den lebenden Zeugen im Ortsmuseum. Kunstevents und Lesungen ergänzen die Ausstellungen über die örtliche Dorfkultur. Alleine die guterhaltene Häusergruppe ist einen Besuch wert.

1

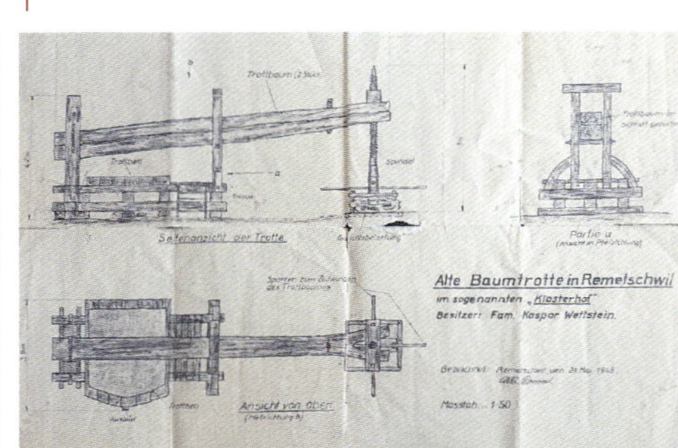

[1] Verkaufsdokumentation.

Trotte im Ritterhaus · Bubikon

Nur auf der Durchreise …

Eine Baumtrotte aufzustellen, ist wie der Kauf eines Stubenbuffets. Die mächtige Konstruktion ist dekorativ und zeigt die jahrhundertalte Tradition eines Handwerks, das auch in der heutigen Winzerei noch gepflegt wird. Während jetzt alle 20 bis 30 Jahre die Traubenpressen wegen technischen Mängeln ersetzt werden müssen, kann eine Baumtrotte jederzeit wieder in Gang gebracht werden. Auch nach 200 bis 300 Jahren. Einzig einige Holzwürmer müssten vertrieben werden.

Die Trotte im Ritterhaus wurde 1943 für Fr. 1200.– vom Verkehrsverein Höfe durch die Ritterhausgesellschaft gekauft. Eben, weil es ein wunderschönes Möbelstück für die «gute Stube» in Bubikon darstellte. Die Trotte stand bis zum Verkauf in Wollerau. Dendrochronologische Untersuchungen bezeugen das Jahr 1828. Also müsste das Eichenholz nach einer Zeit der Trocknung Mitte des 19. Jahrhunderts verarbeitet worden sein. Obwohl das Ritterhaus keinen Bezug zum Reb- und Weinbau hat, gehörte die Holzkonstruktion über fast 80 Jahre hinaus zu den Hinguckern des aktiven Museums.

Das Ritterhaus steht mitten im Umbruch. Die Dauerausstellung und damit auch der Bistro-, Eingangs- und Shopbereich sollen erneuert werden. Die Trotte musste deshalb aus dem Raum im Erdgeschoss des Ritterhauses weichen und wurde im Frühjahr 2022 dem Schloss Zuckenriet SG übergeben, wo sie thematisch auch besser in den Ausstellungsrundgang integriert werden kann.

1

2

[1] Hier wurden die Traubenbeeren gequetscht.

[2] Das Trottbett wurde bereits mit einem «Korb» nachgerüstet.

Trotte im Museum Holzhausen · Oetwil am See

Versteckte Trouvaille

Wenn ein Hobbywinzer und ein Betreiber einer Sammelstelle für Abfälle sich auf ein Glas Wein treffen, entsteht eine wunderbare Sammlung alter Gegenstände aus der Umgebung des Zürcher Oberlandes. Jeder dieser beiden Sammler legte seine Kunstschätze zusammen und gemeinsam bauten sie ein Museum und sammelten weiter. Und sammeln immer noch.

So entstand in einer ländlichen Umgebung ein einmaliger Schatz an regionalem Wissen und örtlicher Geschichte. Der Besucher wird sanft in das Bewusstsein versetzt, dass diese Region eine reichhaltige, aber unbekannte Rebgeschichte besitzt. In verschiedenen Räumen gibt es kaum einen Gegenstand, der fehlt, um mehr als 300 Jahre Geschichte ländlicher Arbeit zu dokumentieren.

Mitten in diesen Schätzen aus Keller und Rebberg steht eine imposante Trotte. Eine Trotte, die in einem wahren Wettstreit mit einem anderen Mitbewerber in letzter Minute 1996 erworben werden konnte. Zeiten, als sich Besitzer solcher Zeitzeugen noch stritten …

Gebaut wurde die Trotte 1788. Vermutlich durch den Pressenfabrikanten Wilhelm Bodmer in Oetwil am See – Gusch. Diese Baumtrotte ist Teil einer bewegten Reisegeschichte hinsichtlich Ankauf und Verkauf von Trotten im Kanton Zürich.

1960 kauften einige Initianten eines künftigen Weinbaumuseums am Zürichsee eine Baumtrotte in Rorbas. Über lange Zeit gelang es aber nicht, geeignete Räumlichkeiten zu finden um diese Pläne in der Umgebung von Küsnacht ZH zu verwirklichen. Inzwischen aber erinnerte sich Rorbas an ihre Trotte und wollte diese wieder in das eigene Trottgebäude zurückholen. Um die Initianten am Zürichsee zufrieden zu stellen, vermittelten die Rorbaser die Baumtrotte der Trülletrotte in Flurlingen. Verkäufer war die damalige Bindfadenfabrik Arova (siehe Trotten in Flurlingen). In Küsnacht gab es nun 2 Trotten. Wohl eine zuviel …

Die Freunde eines Museums am Zürichsee aber liessen sich nicht mehr abbringen von ihrem Traum, mit der grossen Rorbaser Trotte ein Museum zu eröffnen. Auf der Halbinsel Au gelang dann im Jahre 1978 die Eröffnung des bekannten Weinbaumuseums am Zürichsee.

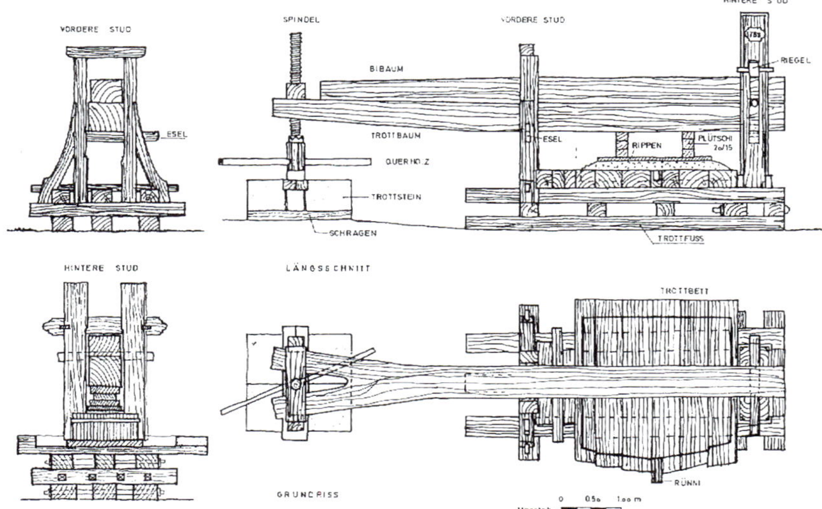

Technische Daten zur Flurlinger Trotte

Gewicht des Holzwerkes	15,028 m³ à 0,69 t	= 10,34 t
Gewicht der Trottsteine	1,220 m³ à 2,45 t	= 2,00 t
Gewicht von Trott- und Bibaum	4,880 m³ à 0,69 t	= 3,37 t
Gewicht von Trottbaum, Spindel und Trottstein		= 6,94 t
Pressdruck auf Pressgut (Ing. Haag, Feldmeilen):		
Ohne Trottsteine und Spindel		= 10,11 t
Mit Trottsteinen und Spindel		= 24,00 t
Druck des Trottbaumes auf den Riegel bei der hinteren Stud nach oben:		
Ohne Trottstein und Spindel		= 6,16 t
Mit Trottsteinen und Spindel		= 17,06 t

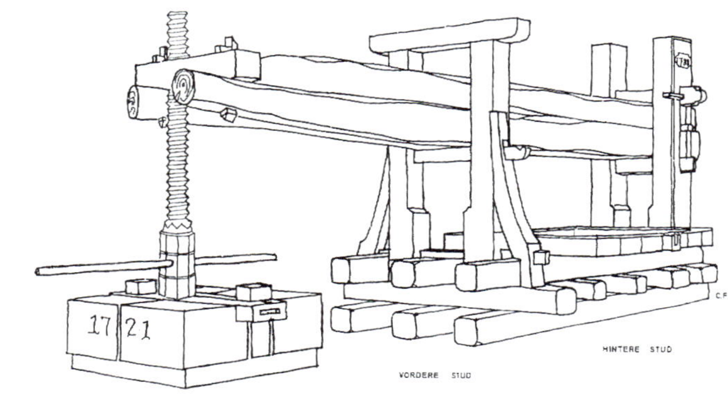

Inzwischen wollten auch die Verantwortlichen in Rorbas ihr Trottengebäude anders und ohne Baumpresse nutzen. Heute steht dieses Gebäude leider nicht mehr. Rorbas hat keine Reben mehr.

Die Baumtrotte aus Flurlingen fand 1977 auf dem Weingut der Weinhandlung der Gebrüder Welti in Küsnacht einen geschützten Ort. Sie repräsentierte dort ein Stück Geschichte, bis sie 1996 als gewichtiger Zeuge alter Holzbearbeitung ins Untergeschoss des heutigen Museums in Oetwil a. See verlegt wurde.

Es ist möglich, dass diese Baumpresse einmal aus zwei verschiedenen Pressen zusammengesetzt wurde. Eine weitere eingemeisselte Jahrzahl auf einem Joch zeigt das Jahr 1721. Solche unterschiedliche Jahrgangsschnitzereien sind immer wieder zu finden, da immer wieder Holzteile ersetzt werden mussten. Vielleicht kommen einzelne Teile aus einer anderen der damaligen 39 Trotten in Flurlingen.

Einige Trouvaillen im Museum Holzhausen

Das Museum zeigt auch eine reichhaltige Ausstellung über andere landwirtschaftliche Kulturen. Dann aber auch gesammelte Geschichten über Einrichtungen im Haushalt, alte Feuerwehrgerätschaften, über die Imkerei, den Strassenbau und ganz markant eine Güterwagen-Sammlung der Uster-Oetwil-Bahn und der Wetzikon-Meilen-Bahn mit unzähligen Bahnmodellen. Ein Nachmittag reicht nicht, um dem Initianten Jörg Schenkel zuzuhören, was er an Wissen mit grosser Leidenschaft gesammelt hat. Bei einem Glas Wein aus den regionalen Rebbergen schweift der Blick in die Landschaft hinaus. Die Gedanken aber bleiben hängen bei der Arbeit mit den historischen Werkzeugen und der riesig grossen Baumpresse. Ein Blick zurück und vielleicht einmal wieder vorwärts.

[1] Fassfront für Wein aus der Gemeinde «Waedensweil». Jg. 1858.
[2] Fassriegel.
[3] Hebepresse.
[4] Schrotmesser für den Trester.

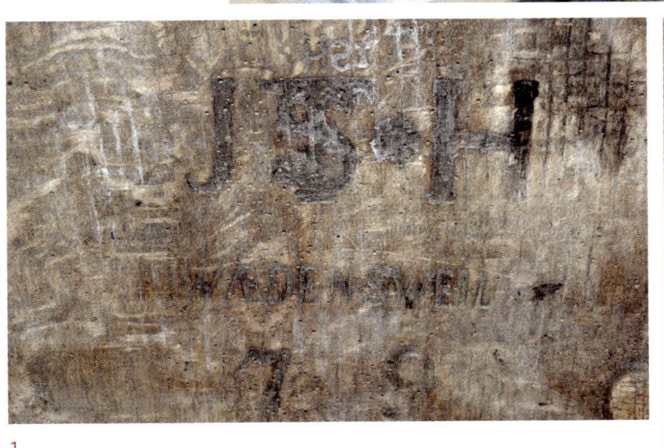

1

2

3

4

Trotte der Zunft Höngg · Zürich

Die speziell Andere

Die Baumtrotte der Zunft Höngg ist anders und trotzdem historisch. 1763 wurde diese Baumtrotte in Wilchingen SH aufgebaut. Nachdem die ersten modernen steyrischen Korbpressen an der Weltausstellung in Paris 1870 ausgestellt wurden, hat man begonnen, die grossen Baumtrotten zu kürzen und umzubauen, um die Kraft der Holzspindel direkt auf den Trester wirken zu lassen. Schon kurze Zeit später verschwanden diese amputierten Pressen in den Museen. Ersetzt wurden sie durch mechanische Korbpressen mit Spindeln aus Metall und der Kraft durch Riemenantrieb. Die Zunft Höngg hat einen solchen wichtigen Zeitzeugen im eigenen Besitz und führt diese spezielle Baumpresse mit zwei Spindeln hie und da im Sechsleuten-Umzug mit.

In der Stadt Zürich hatten die Zünfte historisch eine wichtige Tradition. Sie widmeten sich nicht nur dem jeweiligen Handwerk, das sie vertraten. Auch die Geselligkeit und die sozialen Aufgaben bildeten Artikel in den Zunftsatzungen. Die Zunftmeister waren von 1336 bis 1798 meist auch Mitglied des Kleinen Rates der Stadt, also politische Vertreter ihrer Handwerker-Zunft. Noch im 19. Jahrhundert waren die Zünfte auch Wahlkreise fürs Parlament des Kantons und der Stadt.

Bei den letzten grossen Eingemeindungen in die Stadt entstanden neue Quartiere. Es formierten sich neue Gruppierungen mit dem Wunsch, eigene Zünfte zu gründen. Am 22. Januar 1934 gründete eine Gruppe einflussreicher Bewohner die neue Zunft Höngg. Am 1. März schon wurde sie in den Kreis der Zürcher Zünfte aufgenommen. Es gehört zur Geschichte von Höngg, dass die Hänge mit Reben bepflanzt waren und heute noch Rebberge zum Bild des Quartiers gehören. Deshalb zieren ein Rebstock und ein traditionelles Rebmesser das Zunftwappen Die Zunft gründete nicht nur eine eigene, in Wädenswil bestens ausgebildete Rebbaugruppe. Die Zunft verfügt im Rebberg Klingen auch über eigene Reben und darf an ihren Anlässen somit auch eigenen Wein ausschenken. Das Jahresprogramm der Zunft ist geprägt von Anlässen um den Wein und die Trauben, so die Weinprobe und nach der Ernte der traditionelle Tanz am Krähhahnen. So zeigt sich die Zunft Höngg am Umzug des Sechseläutens traditionell auch als Winzergruppe auf dem geschmückten Wagen stets die alte Baumtrotte mitführend.

Die Trotte aus Wilchingen im Besitze der Familie Zweifel diente lange als Ausstellungsstück beim Eingang zum Familienunternehmen der gleichnamigen Firma in Höngg. Das jeweilige Zusammensetzen für den Umzug bedurfte jedes Mal eines enormen Aufwandes an Kran-Technik und Manpower. Heute ist die Trotte mit dem fahrbaren Untersatz fest verbunden und so auch nicht mehr der Witterung ausgesetzt.

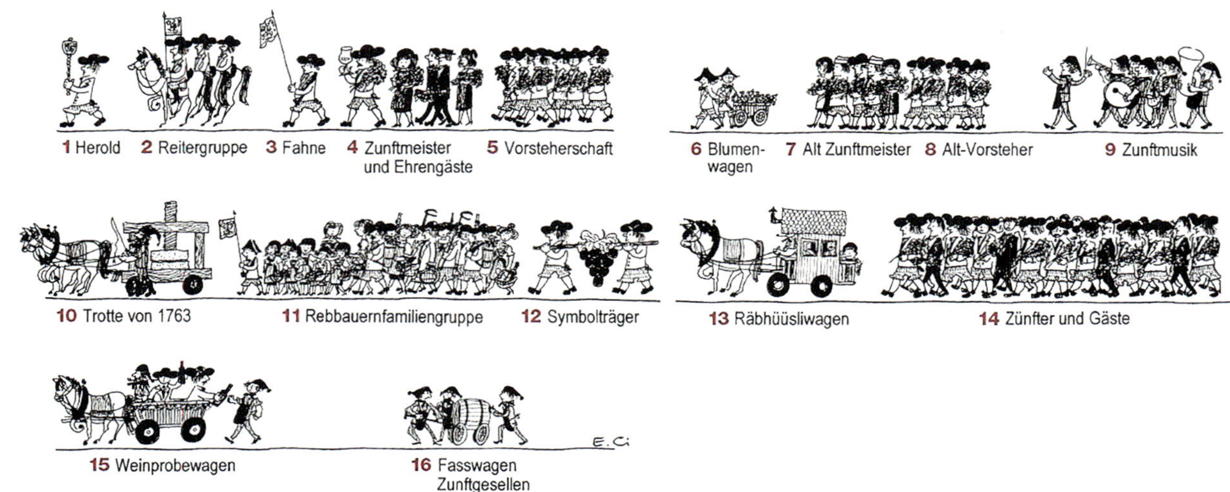

1

[1] Die grosse Riesbacher-Trotte trifft sich vor dem Umzug mit der ‹anderen›, der ‹speziellen› aus Höngg.

Trotte der Zunft Riesbach auf Rädern · Zürich

Der Tradition zur Zierde verpflichtet

Die Zunft Riesbach wurde 1887 gegründet. 1894 durften die Zünfter erstmals am traditionellen Sechseläutenumzug der Zünfter in Zürich mitlaufen. 1896 wurden die Riesbächler in geheimer Abstimmung als erste Quartierzunft in den Verband der Zürcher Zünfte aufgenommen.

Die ehemalige Gemeinde Riesbach ist der heutige Stadtkreis 8. Zu ihm gehören neben dem Seefeld mit den schönen Parks am See auch die früher mit Reben bepflanzten Hänge der Weinegg, des Wonnebergs, der Flüen (heute Flühgasse) und des Burghügels (heute Burghölzli, wieder mit Reben bepflanzt). Der Tradition des Rebbaus ist die Zunft noch heute verpflichtet. Das damalige Gemeindewappen ist heute das Wappen der Zunft. Es zeigt ein silbernes Rebmesser mit goldenem Griff auf rotem Hintergrund. Der Alltag der Rebleute wurde zum Darstellungsthema des Umzugs.

1965 wurde die Trotte gekauft und am Sechseläuten-Umzug 1966 erstmals mit einem Gespann von 5 Pferden präsentiert. Die Trotte ist auf einem Wagen montiert. Dieser Wagen schmückt während des Jahrs einen Platz in der Gemeinde Zollikon.

Der Ehrenzünfter Oskar Trüeb fand die Trotte 1965 in Rudolfingen. Rudolfingen liegt im Zürcher Weinland am südlichen Abhang des Cholfirstes. 1631 wurde die Baumpresse gebaut und diente den Rebleuten in Rudolfingen bis 1954 zur Pressung des Traubenguts. Die Trotte wiegt 9 Tonnen. Ehrenzünfter Jean Spillmann spendete die Trotte der Zunft.

Trotte des Klosters Oetenbach · Zürich

Die Kloster-Trotte in Zürich

Viele kennen wohl das markante Gebäude des Heimatwerks [1] an der Uraniastrasse mitten in der Stadt Zürich. Es beherbergte die Trotte mit dem Trottbaum, wo für das Kloster die Trauben gekeltert wurden. Dieses Gebäude gehörte zum bedeutenden Komplex der Oekonomie des damaligen Klosters Oetenbach.

Auch das heutige Zürcher Amtshaus ist noch Zeuge dieser damals grossen Klosteranlage des Ordens der Dominikanerinnen.

Das Kloster wurde 1237 erstmals erwähnt. 1285 zog es vom Stadtrand am Horn in die Stadtmitte an die Limmat. Nach der Reformation ab 1541 dienten die Gebäude als Salz- und Salpeterlager und später als Zucht- und Waisenhaus. 1902/1903 wurden die meisten Gebäude abgerissen. An gleicher Stelle führt nun die Uraniastrasse von der Limmat in die Altstadt «links der Limmat».

1

Trotte des Unteren Leihofes · Wädenswil

Die Geheimnisvolle

Eigentlich ist es kaum üblich, dass Trotten an nördlich ausgerichteten Hängen für den Rebbau gebaut wurden. Meistens standen solche Trotten in Gebieten, wo der Obstbau und somit die Mostproduktion heimisch war.

Das Trottgebäude wurde bereits 1753 oberhalb des Wohnhauses errichtet. Schon 1787 wurden bei einer Erbteilung die Trotte und ein Stück Rebland erwähnt. Immerhin gehörten zum durch die Zürcher Denkmalpflege geschützten historischen Gebäudekomplex bereits 1801 nachweislich 2 ½ Jucharten Rebland. Ob die Reben in der Nähe angebaut waren oder die Trauben jeweils bei der Ernte nach Wädenswil transportiert wurden, ist nicht nachgewiesen.

Im Jahre 1357 war der Untere Leihof (auf Lehm gebaut) im Eigentum des Zisterzienserklosters Kappel. Zu diesem Kloster gehörten auch ausgedehnte Rebberge. Noch vor 1400 ging der Hof an den Johanniterorden über. Eine Familie Rellstab war von 1615 bis 1679 Besitzer. Teilweise als Mitbesitzer, später dann als Besitzer des gesamten Gehöftes. 1679 wurden Teile des Hofes der Familie Blattmann verkauft. Die 3. Generation dieser Familie baute 1753 dann das Trotthaus. 1832 verkaufte die Witwe des Gemeinderates Kaspar Blattmann

den Hof an Hans Jakob Keller aus Gossau. Nach einigen Generationen kauft Willi Blattmann den Hof 1938 wieder zurück.

1939 wurde das Stammhaus vom bekannten Architekten Hans Fischli saniert und umgebaut. Fischli war geprägt durch den damals bekannten Bauhausstil aus Dessau und Weimar. 2005 wurde das denkmalpflegerisch bedeutsame Gebäudeensemble verkauft und 2006/2007 umfassend renoviert. Der Schutz der historischen Konstruktion und die Anforderungen der damaligen Bauherren mussten berücksichtigt werden.

Heute steht das gesamte Grundstück wieder zum Verkauf. Leider ist die Trotte nicht mehr zugänglich und gehört wohl zu den geheimnisvollen Zeugen früherer Trottenbaukunst.

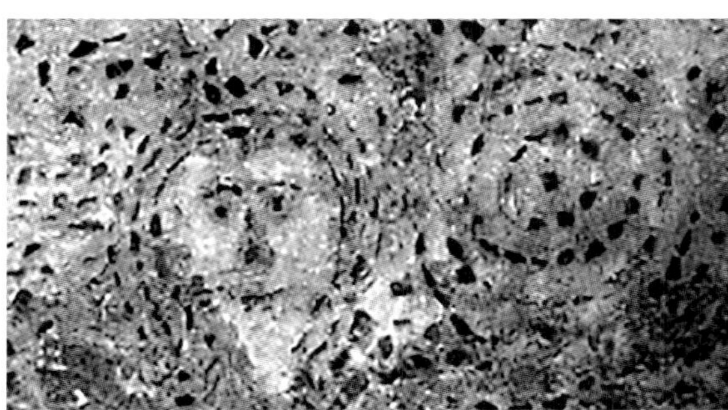

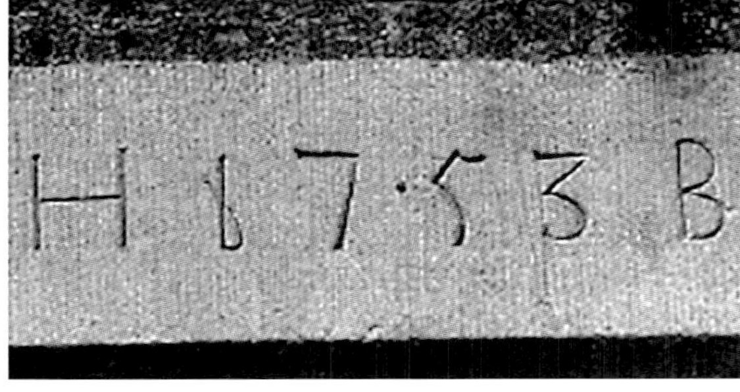

Nº 254. C. H 1753 B

Trotte im Weinbaumuseum am Zürichsee · Au

Schwergewichtig und edel

Das Weinbaumuseum am Zürichsee auf der Halbinsel Au hat seine Türen im Jahre 1978 geöffnet. Die Suche nach einem geeigneten Standort für eine Baumpresse, die eine Gruppe bereits vor Jahren gekauft hatte, dauerte über 15 Jahre. Das jetzige Museumsgebäude steht beim Zugang zum Rebberg, der dem Kanton Zürich gehört. Das zum Ensemble gehörende Wohnhaus und das besagte Ökonomiegebäude wurde von der Gemeinde Wädenswil gekauft. Ein idealer Standort also für ein Museum mit überregionaler Strahlkraft. Das Museum wird von einer Gesellschaft betrieben, die sich zur Aufgabe gemacht hat, das Gebäude zu erhalten, Raumkonzepte weiterzuentwickeln, die Ausstellung permanent zu erneuern und mit Führungen und Veranstaltungen das Museum zu bewirtschaften.

Die mächtige Baumtrotte (Länge des Trottbaumes; 13 Meter, Gewicht; 7 Tonnen) ist also das Rückgrat des Museums und dominiert die permanente Ausstellung und oft auch Wechselausstellungen, die auf 3 Stockwerken um die Kelter herum gebaut wurden. Das Weinbaumuseum vermag den Weg im Rebberg und dann zur Kelter mit verschiedenen Geräten und Maschinen als Zeitzeugen dieser Arbeit nachzuzeichnen.

Bei ganz besonderen Festen, wie dem Herbstfest, wird die Holztrotte wieder gereinigt und auf die Tauglichkeit geprüft. Die ‹alte Dame› vermag heute

1

noch Trauben zu pressen, die dann als Museumswein an Degustationen ausgeschenkt wird. Ein solcher Pressvorgang ist jeweils eine gute Motivation, einmal dabei sein zu können, wenn die Arbeit «so wie früener» gezeigt wird (siehe Seite 18/19).

Geschichte der Baumtrotte im Weinbaumuseum am Zürichsee

1761 Herstellung der Baumtrotte für die Trotte in Zürich Unterstrass (Stadtkreis 6).
1871 Verkauf der Presse nach Rorbas.
1951 Letzte Pressung auf der Baumtrotte in Rorbas.
1960 Verkauf des Trottbaums von Rorbas an die Initianten eines Weinbaumuseums am Zürichsee. Küsnacht als Standort ist vorgesehen. Bleiberecht in Rorbas bis 1965.
1961 Die Pläne eines Museums in Küsnacht lassen sich nicht realisieren.
1970 Der Standort auf der Halbinsel Au wird gefunden.
1972 Beginn der Projektierung des Museums.
1975 Die Trotte findet ihr neues Zuhause.
1978 Eröffnung des Weinbaumuseums.

Kleine Geschichte am Rande

Die langwierige Suche nach einem Standort für ein Weinbaumuseum am Zürichsee veränderte auch die Pläne in Rorbas. Man wollte 1965 die eigene Trotte wieder für ein geplantes Dorfmuseum zurückkaufen. Deshalb bot man den Initianten am Zürichsee einen Ersatz an. Eine grosse Trotte wurde auf dem Weinbaubetrieb der Bindfadenfabrik in der Trülletrotte von Flurlingen gefunden. Das Angebot wurde dankend abgelehnt. Die angebotene und trotzdem nach Küsnacht gelieferte Trotte blieb am Zürichsee, wurde auf dem Areal der Winzer- und Weinhandelsfamilie Welti in Küsnacht aufgestellt. 1996 erwarben die Initianten des Museums in Holzhausen / Oetwil am See diese aus Platzgründen feilgebotene Baumtrotte.

Das Trottgebäude in Rorbas wurde später abgerissen (siehe Beiträge S. 136 – Holzhausen; S. 120 – Trotten Flurlingen; S. 25 – Geschichte einer Herkunft; S. 92 – Schaudepot Diessenhofen). Rorbas hat heute keine Rebberge mehr.

[1] Frisch gefettet kann die Trotte nach Jahren der Ruhe wieder einmal Traubenmaische pressen.

OVA-Trotte Zwillikon · Affoltern am Albis

Wackliger Zeitzeuge örtlicher Industriegeschichte

Einst war das Säuliamt rund um Affoltern am Albis eingebettet in Haine von Äpfel-, Birn- und Kirschbäumen. Vielerorts wurde mit eigenen Trotten auf den Höfen gemostet. Dies spiegelt der Ursprung des Ortsnamens Affoltern, der sich von keltisch «afalterun», ‹Apfelbaum›, herleitet

Zur Trotte in Zwillikon: Eingeritzt ist die Jahreszahl 1866, neben zwei Monogrammen und dem Zeichen IHS.

Auf welchem Bauernhof sie stand und wie sie auf die Hinterseite der Obstverwertungs-Genossenschaft OVA zu stehen kam, lässt sich nicht mehr nachverfolgen. Sicher ist, dass sie bereits in den 1950er Jahren neben der Tankstelle und dem Parkplatz der OVA als Ausstellungsobjekt stand.

1912 konnte dank initiativer Bauern die Interessensgemeinschaft Mosterei- und Obstexport als Genossenschaft des Bezirks Affoltern gegründet werden. Im gleichen Jahr wurde innert drei Monaten das erste Keller- und Mostereigebäude mit Wohnung erstellt und alles in Betrieb genommen. Die OVA schuf sich einen Namen im In- und Ausland mit

Produkten wie Apfelsaft «Urtrüb» und «Urhell», dem Orangensaft «Purgold», dem Traubensaft «Merlino» und dem Obstessig «Apless». Viele Produkte, vor allem Konzentrate, gingen in den Export.

2002, genau 90 Jahre nach ihrer Gründung, ging die OVA Konkurs. Die Trotte wurde als Erinnerungsstück an einen wichtigen Betrieb der Affolterner Industriegeschichte des 20. Jahrhunderts beim Ortsmuseum aufgestellt. Viele Dokumente, Objekte und Etiketten der Produkte sind im Museum zu sehen. Sie sind die letzten Zeitzeugen dieses regionalen Betriebes.

Auf dem vormaligen Gelände der OVA erinnern der Name und die Apfelinstallationen von Yves Netzhammer an die Vergangenheit.

Schlössli-Trotte · Küttigen

Gerettet und unter Schutz gestellt

Wenn Baumtrotten an einem Ort den Platz versperren, wird eine Möglichkeit gesucht, wo man Interesse bekundet, diesem Zeitzeugen einen würdevollen Platz für das ‹Rentnerdasein› zu schaffen.

Diese Baumpresse trägt zwei Jahrzahlen. Nicht unüblich. Immer wieder mussten Teile solcher Pressen infolge Bruch ersetzt werden. Während auf dem Hinterstüüd die Jahrzahl 1812 eingeschnitzt wurde, finden wir auf dem Spindelkorb die Jahrzahl 1760.

Interessant ist bei der Baumpresse in Küttigen das Vorhandensein eines doppelten Trottbettes.

In einem ersten Arbeitsgang wird das Pressgut vorne aufgetischt, wo das Gewicht des Baumes etwas weniger hoch ist. In einem zweiten Pressgang wird dieser Presskuchen aufgelockert und nach hinten umgetischt, wo mehr Gewicht auf das Pressgut wirkt. Gleichzeitig wird vorne wieder frischer Trester aus der Traubenbrennte auf den Tisch geleert. Der gepresste Jungwein wird durch das höhere Gewicht auch ständig bitterer. Hier finden wir wohl den Ursprung der Unterscheidung von Ablaufsaft und Presswein. Und vielleicht wurden die übermüdeten Kellerburschen mit eigenem Wein aus drittem Druck entlöhnt.

Heute steht dieser mächtige 11.5-Meter-Trottbaum in Küttigen auf dem Reb- und Weinbaubetrieb der Familien Wehrli. Die altehrwürdige Presse bereichert die Besucher bei Degustationen mit der Geschichte einer gelebten Tradition. Im Zeitalter der kurzlebigen Elektronik ein willkommener Augenblick der Reflektion auf jahrhundertaltes Handwerk, das heute noch wertvolle Pressarbeit stromlos leisten könnte.

Zum Denkmal geworden

Die Baumtrotte stammt aus der ehemaligen Dorftrotte in Effingen. Auf Initiative von Dr. R. Laur-Belart wurde sie vor dem Zerfall gerettet und in den Hinterhof des Stadtmuseums Schlössli in Aarau überführt. Sie gilt als wertvoller kulturgeschichtlicher Zeuge der Weinbautradition im Aargau. Im Besitz des Museums resp. der Einwohnergemeinde Aarau bleibend, wurde 1997 eine leihweise Überführung der Baumtrotte nach Küttigen beschlossen. Dazu brauchte es einen Beschluss und einer Bewilligung der Gemeinde Küttigen. Mehr noch. Sogar der Regierungsrat musste sich 1998 mit der Trotte befassen. Gemäss Beschluss wurde auf Antrag der Denkmalpflege der hölzerne Zeitzeuge unter Denkmalschutz gestellt.

1

[1] Zur Erhöhung des Gewichts wurden zwei Trottbäume übereinander angebracht. Hier sehen wir auch die beiden Presstische nacheinander.

Eine Baumtrotte erzählt

Kalt war es an jenem Januartag, als sie kamen, um Eichen zu fällen. Es war ums Jahr 1760 herum, und man wusste noch nicht, dass bald einmal die Französische Revolution ausbrechen sollte.

Du musst nämlich wissen, lieber Leser, dass ich schon über 200-jährig bin! Darauf bin ich mächtig stolz, weil es von meiner Art nicht mehr viele gibt.

An jenem Januartag hieben sie zehn verschieden grosse Eichen. So viele brauchte es nämlich, um eine Baumtrotte wie mich herzustellen.

Für den Trottbaum, den gewaltigen Hebelarm der Presse, brauchte es eine 10 bis 12 Meter lange, mindestens einen Meter dicke Eiche. Aber auch der ganze Unterbau und das Trottbett wurde aus diesen Eichenstämmen gefertigt.

Monatelang arbeiteten sie; ich sollte ja im Herbst meinen Dienst in der Dorftrotte Effingen aufnehmen. Ausser mir gab es noch andere Baumtrotten, aber ich war halt die schönste im ganzen Dorf.

Du kannst Dir nicht vorstellen, was für ein tolles Fest meine Einweihung wurde. Langsam wurde der Trottbaum in die Höhe geschraubt, dann wurden die gemahlenen Trauben unter das hintere Ende des Baumes aufgeschichtet und mit Brettern zugedeckt.

Nun kam der spannende Augenblick, das Abwärtsfahren des Baumes. Die Last des Baumes versetzte die Spindel in rasende Rotation, bis sich das Gewicht des Baumes auf die Trauben legte. Und schon floss der Traubensaft aus dem Trottbett in die Stande.

Das wurde noch zweimal wiederholt, bis kein Saft mehr floss.

Und so ging das dann jeden Herbst während der Weinlese. Die Trotte war der Treffpunkt der Dorfjugend und der Erwachsenen; die Kinder spielten in meinen vielen Balken «Versteckis».

In den 1920er Jahren dieses Jahrhunderts wurde ich dann pensioniert. Nach 160 Dienstjahren war ich schon ein bisschen müde, und ich überliess diese schwere Arbeit gerne meinen moderneren Kollegen.

1936 durfte ich nach Aarau umziehen und wurde beim Stadtmuseum aufgestellt. Während beinahe 60 Jahren haben mich viele Besucher bestaunt. Einmal war ich ganz gerührt, als ein junger Mann seine Angebetete ausgerechnet bei mir um die Hand bat!

Ich freue mich sehr, dass ich jetzt dann wieder bei einem Weinbauern in Küttigen sein darf.

Man hat mir versprochen, speziell für mich würde ein neues Haus gebaut, damit ich mich richtig wohl fühlen kann. Die Landluft bekommt mir halt schon besser als die vielen Abgase in der Stadt.

Trotte Weinbau zum Sternen · Würenlingen

Integrierte Emigrantin

Wenn sich ein Flüchtling in einem Land gut einlebt, gilt er nach einiger Zeit als integrierter Einheimischer. Das darf völlig zu Recht auch von der Trotte vor dem Restaurant zum Sternen in Würenlingen behauptet werden. Die Firma Bucher Guyer produzierte in Niederweningen erste hydraulische Pressen für die ganze Welt. Es gehörte zu den Gepflogenheiten, beim Kauf einer neuen Maschine die alte an Zahlung zu geben. So gelangte diese schöne Baumpresse aus Österreich zuerst nach Niederweningen und 1969 zum grossen und vielfältigen Familienbetrieb Sternen in Würenlingen mit Rebschule, Rebbau, Weinbaubetrieb und Restaurant.

Der Trottbaum wurde im Jahre 1862 für das im Jahre 1848 gegründete Weinhaus Jakob Diem in Obermarkersdorf im östereichischen Weinviertel aufgestellt. Feine Schnitzarbeiten zeugen von einer reichhaltigen regionalen Schnitzkunst.

Die Prüfung zur Integration feierte die Baumpresse am traditionellen jährlichen Umzug des Winzerfests Döttingen im Jahre 1969. Gezogen mit einem mehrspännigen Pferdefuhrwerk wurde der Zeuge feinster Holzarbeit zum eindrücklichen Blickfang.

Heute steht die herrliche Baumpresse im Garten des Restaurants. Inmitten von Gästen dient sie als Tisch und Bartheke – bestens integriert in die lokale Weintradition.

KD
MDCCCLXI

Seilzug- oder Gurten-Presse · Tegerfelden

Nachbau eines Unikats

Das herrschaftliche Trottgebäude des Aargauer Kantonalen Weinbaumuseums in Tegerfelden zeugt von einer jahrhundertalten Tradition vom Weinbau in dieser Region. Wie auch in anderen Gegenden der Schweiz wurde der eigene Trottbaum in der Krisenzeit entfernt und das Gebäude einem anderen Zweck zugeführt.

Noch vor der Eröffnung des neuen Weinbaumuseums, 1986, erhielten die Initianten von der Gemeinde Zurzach eine alte Trotte aus der Region geschenkt. Im Jahre 1469/1470 wurde die 53-jährige Eiche gefällt. Die eigenwillige, gekrümmte Form wurde so bereits beim Fällen ausgesucht.

Erst ab dem Jahr 1800 kann der Standort dieser Trotte nachgewiesen werden. Bis 1965 stand und arbeitete das technische Unikat im Gewölbekeller des Restaurants Waldheim in Hettenschwil. Danach wurde die demontierte Presse in Zurzach eingelagert und zum Teil wohl dort auch als Holzvorrat für Schreiner- und Zimmermannsarbeiten verwendet. Nur gerade der grosse, prägnant gekrümmte Trottbaum konnte schliesslich gerettet werden. Einige weitere Holzbalken zeigten zum Teil noch Spuren ihrer ursprünglichen Verwendung für die Trotte. Sie sind aber alle dem Zeitgeist und dem Wurm zum Opfer gefallen.

Ältere Zeitzeugen konnten den Museumsinitianten erzählen, wie die Presse gearbeitet hat. Zuerst erstellten einheimische Zimmerleute aufgrund der vagen Angaben ein funktionierendes Modell. Um den altehrwürdigen Trottbaum herum entstand dann dieses eindrückliche und wieder zum Leben erweckte Unikat, das im Tegerfelder Museum viele Besucher zu beeindrucken vermag.

Literatur aus den Weinmuseen im Oberwallis beschreiben diese Baumtrotte als «Römische Trotte». Solche Trotten zählen zu den ersten Spuren einer Pressarbeit von Früchten.

Arbeitsweise einer Seilzug- oder Gurten-Presse

Der Trottbaum wirkt als Hebelgewicht auf den Weintrester. Mit dem Seilzug (nicht mit einer Spindel) wird das Gewicht hochgezogen oder nach Befüllen des Tisches wieder auf den Trester abgesenkt. Als zusätzliches Gewicht kann der grosse Baum mit dem Seil nach unten gezogen werden. Während der Pressung muss ständig der Zug nach unten nachgepasst werden, um das Pressgewicht wieder zu erhöhen. Also keine Nachtruhe für den Trottmeister …

1

2

[1] Erst wurde ein Modell erstellt. Erst später bauten Fachleute die Baumtrotte mit dem alten Baum nach.

[2] Trottbaumbeschriftung aus dem Jahr 1788 der ursprünglichen Trotte im Trottgebäude Tegerfelden. Sie zeigt die Namen der Benutzungsrechte an der Trotte.

[3] Die Achse des Trottbaumes.

[4] Drehbalken für den Seilzug.

3

4

Schürhoftrotte · Windisch

Bacchus zu Ehren – einem alten Vorbild nachempfunden

Es braucht einen geeigneten Raum, einen schön gewachsenen Baumstamm, Sinn für altes Handwerk und den Willen, etwas ‹Neualtes› für die Nachwelt zu schaffen.

Das Ortsmuseum Schürhof wurde im Jahre 2003 auf einem ehemaligen Bauernhof mitten in Windisch eröffnet. Familie Spillmann hat in den Gebäuden ihres landwirtschaftlichen Betriebes eine namhafte Sammlung von Werkstätten alter Handwerke zusammengetragen. Geräte aus der Landwirtschaft, der Feuerwehr, der Fischerei und dem Haushalt ergänzen das Museum und vermitteln den Besuchern einen reichhaltigen Einblick ins Leben unserer Grosseltern und Urgrosseltern.

Auf dem Schürhof in Windisch wurden aber auch Reben und Ölfrüchte angebaut. Bereits im 17. Jahrhundert wurde bei jeder Handänderung eine Wein- und Öltrotte erwähnt. Nur wenige Trotten hatten die Berechtigung, für das Kloster Königsfelden den Zehnten zu pressen. Der Bewirtschafter des Schürhofes war gleichzeitig für das Kloster als Zehntbezüger eingesetzt. Hier wurden auch die klostereigenen Lindreben verarbeitet. Zahlreiche Landleute brachten ihre Trauben zur Trotte, um ihre Steuerschuld zu begleichen. Im Jahre 1785 wurde die Trotte leider abgebaut. Immer noch gibt es einzelne vorhandene Balken, die auf das Jahr 1680/1690 als Fälldatum datiert werden konnten.

Bei den Initianten des Museums entstand der Wunsch, diese Trotte wieder nachzubauen. Im hofeigenen Wald wurde eine herrlich gewachsene Esche mit geeigneter Astgabel für die Aufnahme der Astgabel gefunden. Diese Esche wurde von Rudolf Brem, einem in Windisch aufgewachsenen Zimmermann, zur markanten Baumtrotte zusammengebaut. Eichenholz in bester Güte stand für den Nachbau einfach nicht zur Verfügung. Die Eigentümer des Museums wissen aber von Vorzügen der Härte und der Kompaktheit des Eschenholzes zu berichten. Die Pläne für den Nachbau erstellte der Museumbesitzer, selber Ingenieur. Als Vorbild diente die Trotte aus Effingen AG, die in Küttigen steht. Diese neue Trotte hat nicht nur den Anspruch, Ausstellungsobjekt zu spielen. Vielmehr wurden auf dieser Trotte bereits 8 Ernten Trauben gepresst. Windisch, das römische Vindonissa, zelebrierte beim Trottenfest am 8. Oktober 2011 eine Kelterung für einen eigenen Wein. Dem Weingott Bacchus gewidmet, floss Saft der regionalen Vindonissa Winzer-Gruppe aus der «Rünni» in die Stande.

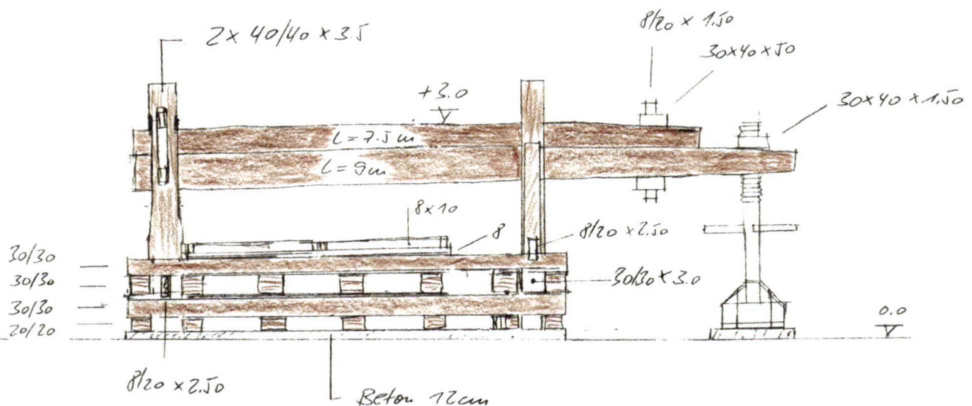
2x 40/40 x 3.5
8/20 x 1.50
30x40x50
+3.0
30x40 x 1.50
L=7.5m
L=9m
8x10
8
8/20 x 2.50
30/30
30/30
30/30
20/20
30/30 x 3.0
0.0
8/20 x 2.50
Beton 12cm

Alte Goldwandtrotte · Ennetbaden

Spanisch-Brötli-Bahn für Weintransporte und Badegäste

Die grossen und steilen Rebhänge in Ennetbaden zeigen in Richtung des sonnigen Südens und der Bäderstadt Baden. Anfänglich wurden die Rebkulturen von Hoteliers aus Baden angelegt und bewirtschaftet. Man wollte den Badegästen einen herrlichen Tropfen aus nächster Umgebung bieten. Die Weine wurden in der Goldwandtrotte gepresst und in den Kellern der jeweiligen Hotels gelagert und verfeinert. So wurde 1688 die Goldwandtrotte auf dem anderen Ufer der Limmat, in Ennetbaden, gebaut. Eine Nachzählung der Jahrringe lässt erahnen, dass das Wachstum des Sämlings dieser Eiche um die Zeit der Gründung der Eidgenossenschaft zu wachsen begann. Die Jahrzahl 1793 deutet auf einen Umbau des «Esels», des «Vorderstüüd» oder auf eine namhafte Reparatur der Trotte hin. 1971 wurden nochmals Reparaturen vorgenommen. 1974 wurden letztmals auf der historischen Presse Trauben gekeltert.

Der jetzige Eigentümer des nahegelegenen Weingutes, Michael Wetzel, weiss zu berichten, dass ab 1847 die Spanisch-Brötli-Bahn der Schweizerischen Nordbahn nicht nur Badegäste von Zürich nach Baden brachte, sondern auch feinen Goldwändler-Wein aus dieser Trotte fassweise in die Stadt Zürich transportierte.

Das Weingut des Badehotels Rebstock wechselte immer wieder in neue Hände. Zuletzt gehörten die nahen Reben und die ehrwürdige Goldwandtrotte der Firma Oederlin AG, einer ehemaligen Giesserei- und Armaturenfabrik. Die Reben und das Haus «Rebgut Goldwand» wurden von der Familie Wetzel übernommen und zu einem grossen und nahmhaften Weinbaubetrieb ausgebaut. Die Trotte blieb im Besitze der Firma Oederlin, steht aber weiter als Eventlokal für Veranstaltungen des nahegelegenen Weinbaubetriebes zur Verfügung. Das Gebäude und die Trotte stehen unter Schutz.

Als interessantes Detail zeigen die Trotte und die erklärenden Bilder an der Wand, dass der Trottbaum nicht wiegend auf das Pressgut abgesetzt wurde. Vielmehr scheint der «Nagel» am «Hinterstüüd» als starre Träger-Achse des Baumes zu wirken.

[1] Doppelter Presstisch.
[2] 1974: Letzte Pressung auf der Trotte mit Rebmeister Michael Frei.

1

2

Meilemer Trotte · Schinznach

Ein hin und her und nicht mehr zurück

Es ist dem Regierungsrat des Kantons Aargau zu verdanken, dass sich der Kantonale Denkmalschutz um diese Trotte kümmert. Nach über 100 Jahren Gastrecht im Kanton Aargau hat die Trotte ja auch ein ordentliches Wohnrecht erarbeitet ...

Die Trotte aus dem 17. Jahrhundert gehörte der Familie Guggenbühl in der Äbleten in Meilen. Im Jahre 1915 musste die Trotte einer neuen Presse weichen und gelangte in die Ausstellung aufs Schloss Lenzburg. Der Schlossherr, der Vater des Polarforschers Lincoln Ellsworth, kaufte den hölzernen Zeitzeugen für sein Privatmuseum. Nach der Überführung des Schlosses Lenzburg in eine öffentlich-rechtliche Stiftung wurden die Sammlungsgegenstände vom historischen Museum übernommen. Die Trotte aber musste nach einer Umstrukturierung weichen. Der Stiftungsrat wollte die Trotte 1959 für Fr. 1000.– verkaufen. Die Mittwochsgesellschaft Meilen zeigte sich interessiert an der Heimführung nach Meilen. Der Aargauer Regierungsrat verbot aber diesen Verkauf und liess die Trotte beim Verkaufslokal der Weinbaugenossenschaft Schinznach aufstellen. Die Trotte gehört zum Bauinventar des Kantons Aargau. Einzigartig ist die Anordnung eines zweiten Baums zur Vergrösserung des Gewichts beim Pressen. Auf einer alten Ansichtskarte des Schlosses Lenzburg ist die Jahrzahl 1590 für den Trottbaum genannt.

1

2

[1] Verstärkungen am Tisch.
[2] Heutiger Standort.

Trotte Mellstorf · Wislikofen

Einfach anders – ein «kleines» Unikat

Das ehrwürdige Trottgebäude des örtlichen Museums steht seit 1978 unter dem Schutz der Eidgenossenschaft. Schön renoviert bot der Raum lange Zeit Platz für Gerätschaften der Gemeinde, bis 2013 eine kleine Gruppe Idealisten sich um den Schutz vieler gesammelter Gegenstände aus dem Dorf zu kümmern begann. Als der Boden für eine notwendige Renovation freigestellt werden musste, wurde auch die 1969 letztmals gebrauchte Baumpresse aus dem Gebäude entfernt. Eine Renovation schien undenkbar, da die Spindel zerrissen war.

Und doch, irgendwie gehörte doch eine Trotte in ein künftiges Museum. Ein Malermeister aus der Umgebung besass eine besondere Trotte, die er den Initianten eines Museums in Mellstorf gerne zur Verfügung stellte. Die zierliche Konstruktion dieser kleinen Presse war renoviert und mit Balkenfarbe eingebeizt. Es war kein schwerer Kranwagen nötig, um die Konstruktion von einer Ecke in die andere zu verstellen. Dieser Zeitzeuge alter Weinkultur musste den Platz schon bald wieder für die dörflichen Festivitäten hergeben. Draussen vor dem schönen Museumsgebäude bekam die Trotte einen endgültigen Platz. Passend zur Riegelkonstruktion der Wände.

Diese Baumpresse hat schon früher einige Zügelfahrten hinter sich gebracht. Vermutlich aus einem lokalen Trottgebäude stammend, musste sie dort einst weichen. Ob dieses Trottgebäude identisch ist mit dem heutigen Museum, ist nicht bekannt. Die Presse wurde einige Zeit in einer Scheune gelagert, bis sie vor dem «Vrenihus» ein Zuhause fand. Zahlreiche Zeugen wissen noch von Kletterspielen auf der Konstruktion zu erzählen. Im «Vrenihus» wohnte später auch der Malermeister Bamberger, der die Trotte für den Winzerumzug in Döttingen und schliesslich fürs neue Museum in Mellstorf herrichtete.

Nicht nur die geringe Grösse fällt auf. Auch besitzt diese Trotte eine metallische Spindel, um mit Kraft den Baum auf das Pressgut zu ziehen (Hebelwirkung). Die abgesägten oberen Teile des Vorderstüüd zeigen, dass eine Höhenkorrektur vorgenommen werden musste, damit der Jodlerclub die Trotte auf einem Wagen bei einem eidgenössischen Umzug mitziehen konnte. Leider gibt es keine Angaben mehr über die Herkunft dieser Trotte.

Erzählung: Im oberen Dachstock der Trotte soll während der Kelterzeit jeweils mit Eigengewächsen gewirtet worden sein. Diese Wirtschaft aber ging ein, weil die Wirtsleute all ihr Hab und Gut beim Jassen verspielten. Seitdem gibt es in Mellstorf kein Wirtshaus mehr. Heute gibt es hier aber eine namhafte Sammlung alter Gebrauchsgegenstände aus Landwirtschaft und Haushalt, gesammelt von Bewohnern aus der Umgebung.

In Mellstorf wird 1549 und 1629 erstmals eine Trotte erwähnt. Sie gehörte 9 Angehörigen des Familiennamens der Wenziker. Im Jahre 1666 ging die Trotte an die Gemeinde über. Diese verpflichtete sich 1670 gegenüber der Probstei in Klingnau für das Kloster St. Blasien, eine Trotte zu betreiben. Die Gemeinde verschuldete sich ordentlich. Weder konnten Rückzahlungen gemacht werden, noch konnte die Gemeinde Reserven schaffen. Auch liess die gelieferte Wein-Qualität im Jahre 1691 des an das Kloster gelieferten Weines arg zu wünschen übrig. Die Gemeinde lieferte 3 Saum verdorbenen Weines.

Der Probst liess die eigene Trotte abreissen und baute alsdann eine neue Trotte. Sämtliche Weine aus der Region wurden jetzt in der klösterlichen Trotte abgepresst, obwohl die Gemeinde auf ihrem Recht bestehen wollte. Der Trottmeister wurde vom Gemeinderat vorgeschlagen, aber vom Probst ernannt. Ihm gebührte als Lohn von jedem Trunk «zwei gut Batzen». Dieser Streit um Pflichten und Rechte dauerte bis 1702. Der Landvogt von Baden entschied, dass die Probstei ihre Trauben ausdrücken könne wo sie wolle.

St. Margarethen-Trotte im Ortsmuseum · Binningen

Ein bisschen Stadt, ein bisschen Land

Der ehrwürdige Trottbaum des Landguts St. Margarethen in Binningen musste 1946 aus der Trotte weichen. Für die dortige Kapelle plante die Eigentümerin, die Liegenschaftsverwaltung der Stadt Basel, eine Sakristei, aber auch eine WC-Anlage. So wurde der hölzerne Zeitzeuge vom Historischen Museum Basel erworben und im Kirschgartenmuseum aufgestellt. Aber auch hier musste die Presse wieder einer Porzellan-Ausstellung weichen. Das Historische Museum war damit einverstanden, die Baumtrotte wieder als Leihgabe zurück in den Kanton Basel-Land zu bringen, wo sie auf dem Pausenhof des ehemaligen Holee-Schulhauses im Jahr 1991 ein geeignetes Plätzli erhielt. Die Gemeinde Binningen baute für den städtischen Gast einen schützenden Schopf.

Die Trotte ist aus Eichenholz und misst 8 Meter. Das Trottengerüst ragt 3.50 Meter in die Höhe. Der Trottbaum presst nicht mit dem Gesamtgewicht auf den Trester. Vielmehr ist er einseitig am kompakten und zusammen verbundenen Hinterstud als Drehpunkt fixiert und drückt mit dem Arm als Hebelgewicht auf das Pressgut. Ergänzt mit dem Gewicht des Steines. Die filigrane Spindel ist mit guter Schmiedearbeit verstärkt worden. Auf dem Exponat sind Trestertücher aufgetürmt. Solche Tüchertürme wurden zu einem späteren Zeitpunkt für die Pressarbeit mit Obst verwendet. Für die Arbeit mit Traubenmaische fanden die Tücher wohl keine Verwendung.

Etwas zur Trotten-Geschichte des Gutshofes St. Margarethen

Man darf annehmen, dass der Gutshof bereits im Mittelalter ausgedehnte Rebberge besass. Der Gutshof war Kirchengut und diente dem Unterhalt von Kirche und Pfarrer. Im 13. Jahrhundert gingen die Einnahmen an die städtische Pfarrkirche St. Ulrich in Basel. Im 15. Jahrhundert gingen die Einkünfte wieder zurück an die Schwesternklause auf dem Kirchenhügel. Ab 1510 residierte ein «verehelichter» Bruder als Hüter und Sigrist der Kirche. Als Inventar übernahm er Weinzuber und eine Tragbütte. Ein Zeichen, dass er Anrecht hatte auf eine Entlöhnung in Wein.

Nach der Reformation wurden 1547 die Kirche samt Kirchhof und das Bruderhaus an den Binninger Schlossbesitzer Johann von Brugg verkauft. Im Jahr 1606 erhielt der damalige Besitzer eine Bewilligung für den Weinausschank. Ein Wirtshaus fehlte in Binningen. Eine Radierung aus dem Jahr 1629 zeigt, dass die Reben am Nordhang des Hügels gepflanzt waren. Im Jahr 1696 wurde für den Gutshof die eigene Baumtrotte erstellt. 1740 besassen die Gutsherren 6 Jucharten Rebland. Auf dem Bruderholz konnten sie weitere 30 Jucharten zukaufen. Die Stadt Basel kaufte 1896 Teile des Landguts. 1914 wurden die letzten Reben nordseitig ausgerissen. Die Trotte wurde jetzt nicht mehr genutzt, auch wenn offenbar

südseitig noch einige Zeit Reben kultiviert wurden.

Das Ortsmuseum Binningen hat eine eindrückliche Sammlung von Hinweisen zu örtlichen Industriebtrieben, die aber leider alle nicht mehr in Binningen heimisch sind. Der erste Schweizer Waschmaschinenhersteller, eine Nadelfabrik, die Grunder-Traktorenfabrik und viele mehr.

Das aktive Museum zeigt aber auch vollständige alte Handwerksbetriebe. Die Sattlerei, den Schuhmacher, den Buchdrucker, den Verkaufsladen, die Ziegelproduktion, aber auch eine intakte Praxis eines Zahnarztes mit allen Werkzeugen, Implantaten und einer furchterregenden Röntgenanlage. Ein Besuch lohnt sich; besonders, wenn die Werkstätten wieder aktiviert werden und ein Rasseln durch das alte Schulhaus zu hören ist. Gemäss der örtlichen Verbundenheit zur Fasnacht ist eine tolle Sammlung an Larven zu sehen. Eben: ein bisschen Stadt, ein bisschen Land. Das Gemeinsame der beiden Basler Halbkantone ist hier zu spüren. Die Besitztümer auf St. Margarethen sind noch immer teils städtisch, gewisse Gebäude aber sind der Landschaft zugehörig.

Heute werden am Gutshügel von St. Margarethen wieder Reben angebaut. Ein aktiver Rebbergverein kümmert sich seit 1996 um 2113 m² Reben, deren Weine jedes Jahr mit einer neuen, speziellen Etikette eingekleidet werden.

1

[1] Trotte und Holzfässer im Haus «zum Kirschgarten» Basel

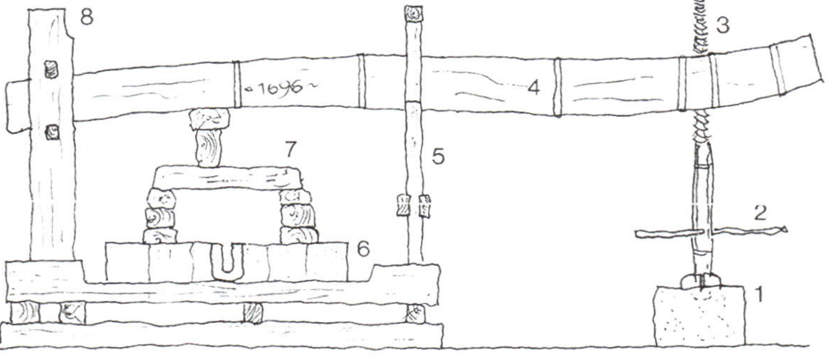
8
3
1696
4
5
7
2
6
1

Trotten
Zentralschweiz

SCHWYZ · LUZERN

Zahlreich sind die Trotten in der Zentralschweiz nicht mehr. Doch hat zum einen das Kloster in Einsiedeln eine reichhaltige Weinbaukultur. Rebberge in der Leutschen der Gemeinde Freienbach und auf der Insel Ufenau im Zürichsee werden noch heute vom Kloster bewirtschaftet. Zum anderen kennt auch der Kanton Luzern eine reichhaltige Kultur des Weinanbaues. Die beiden letzten Baumpressen im Kanton, in Weggis und Rothenburg, sind dabei auch Zeitzeugen der Pressarbeit von Obst. Noch heute sind die Regionen um Weggis und Rothenburg für ihren grossartigen Obstbau bekannt.

Stocker Chappeli in den Rebbergen der Leutschen

Leutschen-Trotte · Freienbach

Gesegneter Saft für Einsiedler Mönche

Es gibt viele Trotten, wo früher einmal für Klöster der Rebensaft gekeltert wurde. Viele dieser Klöster haben ihren Besitz bei der Säkularisierung an staatliche Organe verloren. Die grosse Baumtrotte in der Leutschen hingegen gehört noch heute dem Kloster Einsiedeln. Bis 1961 wurde der klösterliche Wein von der Insel Ufenau und von den umliegenden Reben hier im markanten herrschaftlichen Leutschen-Haus gekeltert und im tiefen Keller auch vergoren und gelagert. Die edle hölzerne Konstruktion stammt aus dem Jahr 1762.

Die Spindel wurde im Jahre 1813 letztmals ersetzt. Heute noch sind Risse an der Spindel sichtbar [1]. Diese wurden im Lauf der Jahre mit Eisen verstärkt [2].

Wo früher der klösterliche Wein gelagert wurde, lagert neuer Wein in neuen, reich beschnitzten Fässern eines örtlichen Weinproduzenten [3], der seine Rebberge am gleichen Hang pflegt.

Das Kloster Einsiedeln pflegt Reben in den benachbarten Rebhängen der Leutschen in der Gemeinde Freienbach, auf der Insel Ufenau und in den Rebbergen des Klosters Fahr. Alle Weine werden heute im modern eingerichteten Keller in Einsiedeln verarbeitet. Die Trotte aus dem zürcherischen Kloster Fahr wurde leider kürzlich demontiert und abtransportiert. Bis vor einigen Jahren gehörte auch der kleine Rebberg des Schlosses Sonnenberg in Stettfurt TG zu den Besitztümern des Klosters.

Das herrschaftliche Haus in der Leutschen wurde umgebaut und dient heute als Restaurant der gehobenen Klasse [4]. Die Baumtrotte steht markant mitten im umgebauten Lokal. Im nachträglich eingebauten Korb auf dem Presstisch können Hochzeitspaare in bequemen Sesseln dem Tanz der Gäste zuschauen.

1

2

3

4

Speckbaumtrotte · Rothenburg

In sich ruhende Geschichte

Wenn Trotten die Jahre seit dem letzten Pressgang überstanden haben, dann steht die nobel herausgeputzte Holzkonstruktion als Bildhintergrund bei Hochzeits- oder Geburtstagsfeiern. Oder die Besitzer pressen für eine Spezialabfüllung einmal im Jahr die besten Trauben in alter Tradition.

Auf dem Speckbaum ist die alte Baumpresse in einem wunderschönen Speicher aufgestellt. Versteckt, aber genau so, wie sie beim letzten Pressgang des eigenen Obstes zurückgelassen wurde. Spuren von 50-jährigen Tresterresten wetteifern mit Spinnnetzen um die Gunst der Zeit.

Den Namen ‹Speckbaum› hat der Hof wohl von einem ‹Spechtbaum›, der von den Vögeln ordentlich nach fetten Maden abgeklopft wurde. Der letzte Eigentümer, Xaver Ottiger-Schwander, verkaufte infolge Kinderlosigkeit den Hof 1942 der CKW, der Centralschweizerischen Kraftwerke AG. Ein moderner Versuchshof wurde hier in Rothenburg aufgebaut. In der Anwendung von Elektrizität in der Landwirtschaft sahen die Verantwortlichen mitten im Zweiten Weltkrieg ein enormes Wachstumspotential. Die Arbeit auf dem Hof und insbesondere im Stall sollte einfacher und zugleich einträglicher werden. Die CKW baute erstmals in der Schweiz eine Grastrocknungsanlage. Die teuren Importe von Futter wurden in dieser Krisenzeit ersetzt durch eigenes hochwertiges Futter zur Steigerung der Milchleistung. Später wurden auf dem Versuchs- und Demonstrationshof eine erste Heubelüftung und eine Grasgefrierung eingebaut. Abwärme wurde in Gewächshäusern gebraucht. Man testete elektrische Fliegenfänger und konstruierte Viehreiniger und Stallbelüftungen. Mehr Beachtung fanden aber die Melkmaschinen und erstmalige Infrarotbestrahlung im Stall. Erforscht wurde auf dem Speckhof die Verwendung von Motoren, die mehreren Zwecken dienen konnten, etwa zur Jaucheverteilung und in Sägereien. Auf dem Hof wurden namhafte Erfindungen gemacht. Die erste Biogasanlage wurde hier ausgetestet. Immerhin mit einer Kapazität von 100 m³ Gas pro Tag. Sogar geheizte Stallböden wurden ausprobiert. Nicht nur General Guisan und einige Bundesräte beehrten den Hof mit einem Besuch.

Viele ausländische Besucher und sogar eine internationale Konferenz der Vereinten Nationen sorgten für die Strahlkraft der neusten Technik in aller Welt. Noch heute werden auf dem Speckhof Interessierten die Möglichkeiten der Vernetzung der gesamten hofeigenen Nutzung nähergebracht.

Und irgendwo auf dem Hofareal hat ein historischer Speicher das moderne und innovative Treiben überlebt. Vielleicht, weil das Gebäude eine herrliche Aura ausstrahlt. Vielleicht auch, weil im Speicher einige Dinge Raum erhielten, die früher auf dem Hof eine wertvolle Hilfe waren für die Verarbeitung der hofeigenen Produkte. Leider ist keine Datierung am Trottbaum eingeritzt. Die Trotte auf dem Speckbaum gibt einige Geheimnisse einfach nicht frei. Noch nicht.

Weggis-Trotte im Schweizerischen Agrarmuseum Burgrain · Alberswil

Ein Blick zurück für ein Begreifen von morgen

Wenn eine alte Dame Zahnschmerzen hat, wird eine Zahnärztin die Löcher flicken oder eine Brücke bauen, um die Beweglichkeit ohne Schmerzen wieder zu ermöglichen. Wenn eine Trotte an allen Ecken rinnt oder durch den Zahn der Zeit einige Balken arg in Mitleidenschaft gezogen wurden, muss ein Zimmermann Balken ersetzen und darin ein ordentliches «Rünni» bohren. Die Trotte aus Weggis ist wohl einige Zeit schon irgendwo im Oberriedsort in einer Scheune gestanden, bis landwirtschaftliche Organisationen aus dem Kanton Luzern sich um das Relikt kümmerten und die Trotte zum Schweizerischen Agrarmuseum Burgrain in Alberswil brachten. Die Trotte aus dem Jahr 1750 zeigt mit dem Holz-Korb eine obstbauliche Vergangenheit. Trotzdem ist es naheliegend, dass am sonnigen, heute aber überbauten Hang bei Weggis damals auch schon Trauben reiften. Immerhin werden seit 1990 am Vierwaldstättersee in Weggis wieder hervorragende Weine gekeltert.

Die Trotte aus Weggis steht heute in Sichtweite zum Rebberg «Chastelen» Alberswil, in einem alten Nebengebäude des früheren Bürgerheims. Dieser Gebäudeteil ist ein Bestandteil des alten Museums, welches zu einem Schaudepot umgebaut wurde. Direkt daneben wurde die Schüür, ein architektonisch gut gelungenes, modernes Museum aufgebaut. Die Museumsleitung hat sich von der Idee eines Sammelsuriums verabschiedet. Neu werden wenige historisch wertvolle Ausstellungsgegenstände so zusammengestellt, dass sie eine Geschichte erzählen. Eine Geschichte, die viel zu berichten weiss über das frühere, oft mühsame Leben der landwirtschaftlichen Bevölkerung. Geschichtliche Zusam-

menhänge werden wichtiger als alte Schmiernippel und rissige Pneuprofile an den wunderschönen Traktoren.

Verschiedene Modelle bieten herrliche Einblicke in die Technik, wenn der Besucher den Knopf zu drücken wagt. Über die Anbauschlacht um den Zweiten Weltkrieg führt das Museum die Besucher in die Neuzeit. Mit allen Facetten werden Probleme der Landwirtschaft offen angesprochen. CO_2-Problematik, Düngerhaushalt, Pflanzenschutz und soziale Zusammenhänge lassen die Betrachter entscheiden, ob es früher besser war oder ob die heutige globale Welt die Lösung aller unserer Probleme darstellt.

Irgendwo im Museum steht die wachrüttelnde Botschaft: Wir alle sind Landwirtschaft.

Mit modernster Technik, mit beweglichen Modellen, audiovisuellen Erklärungen und historischen Geräten werden die Besucher des 2023 international preisgekrönten Museums mitgenommen durch den Naturgarten, in die Ställe, aufs Feld, auf den Acker oder auch ins «Ghält» mit den herrlichen Obstbäumen.

Nochmals geht's zurück zu den ästhetischen alten Traktoren, den herrlich gerundeten Gabelzinken der Heu-Rechen und der Sammlung an schön geformten Handhacken.

Im alten Gebäude strahlt die alte Weggiser-Trotte eine stoische Ruhe aus. Inmitten einiger interessanten Zeugnisse der mechanischen Weiterentwicklung von Obstpressen und Handpressen. Die Baumtrotte zeigt eine jahrhundertalte Technik, die heute noch funktionieren könnte. Ohne digitalen Schub sogar. Dieser Ausstellungsteil wird nach und nach modernisiert. Die Geschichte steht im Holz der Trotte geschrieben. Diese Geschichte wird hörbar gemacht. Hörbar für eine digitale Generation von Museumsbesuchern.

1

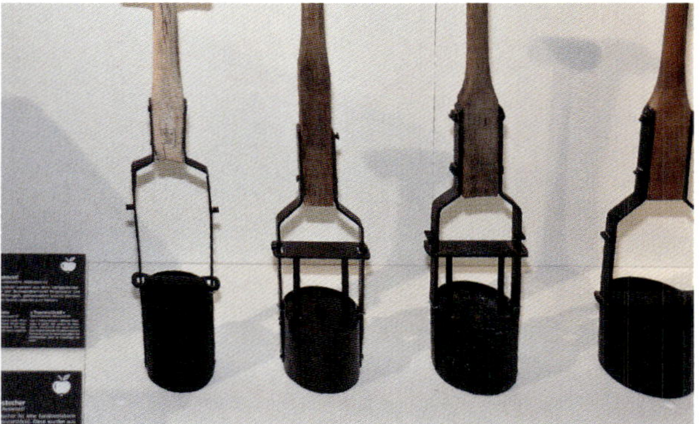

2

[1] Ästhetik des «Alten».
[2] Trester-Stöckli-Stecher.
[3] Trester-Stöckli-Maschine zur Herstellung von Brennmaterial.
[4] Handpresse aus dem Jahr 1804.

3

4

Trüel
Kanton Bern

BIELERSEE · THUNERSEE

Die historischen Baumpressen im deutschsprachigen Teil des Kantons Bern werden Trüel genannt. Abgeleitet ist diese Bezeichnung vom Wort «Trüele» (Drehen). Am Thunersee sind die Baumpressen geprägt von der Bauart der Ostschweizer Trotten und Torkel. Mit der filigranen Spindel wird der tonnenschwere Baum auf das Traubengut abgelegt. Das Gewicht des Baumes allein lässt den Jungwein zum Fliessen bringen. Meist mit dem Zusatzgewicht eines schweren Steines.

Der Trüel im Heimat- und Rebbaumuseum Spiez musste Berndeutsch lernen. Diese Baumpresse stand ursprünglich im Zürcher Weinland als «Trotte».

Am Bielersee ist die historische Pressarbeit von den Weinbaugebieten Frankreichs geprägt. Museen im Elsass besitzen baugleiche Ausstellungsexemplare. Bei diesen Trüels wird mit der Spindel aktiv Kraft auf das Traubengut geleitet. Widerstand dabei kommt vom Holzbaum, der über dem Presstisch aufgebaut ist. Typisch für diese Gegend sind die Manivells. Mit dieser Umlenktechnik kann die Presskraft enorm erhöht werden.

Im Kanton Bern gibt es sogar eine Baumpresse, die Französisch lernen musste. Ein Trüel aus Oberhofen steht nun als Leihgabe des Bernischen Historischen Museums im Rebhaus der Stadt Bern in La Neuveville. Das historische Rebhaus war früher Standort des Rebgutes der Stadt Bern. Heute finden im Keller gesellschaftliche Anlässe statt.

«Traubenghält» am Heimat- und Rebbaumuseum Spiez.

Trotte im Freilichtmuseum Ballenberg · Brienz

Eine Bündnerin in paradiesischem Gemäuer zu Gast im Land der Trüels

Dieser mächtige Torkel aus dem Jahre 1695 hat nicht nur eine Reise von Fläsch GR nach Brienz BE hinter sich. Dieses historische Ausstellungsstück hat auch die Grenzen der Benennung in den Dialekten überschritten. Dem Bündner Torkel, der in einem Trottgebäude aus dem Kanton Schaffhausen steht, wird Gastrecht geboten im Berner Oberland, wo diese Pressen Trüel genannt werden.

Dieser Torkel mit 7 Meter Länge bringt ein Gewicht von 1.75 Tonnen auf das Pressgut. Mit dem hochgezogenen Trottstein kommen nochmals 900 Kilo dazu. Ursprünglich wurde der Traubentrester lose auf den Presstisch gekippt. Wenn dem Tresterkuchen kein Saft mehr zu entlocken war, musste der Trottbaum mit der Spindel aus Eibenholz im Pendelverfahren hochgeschraubt werden. Mit dem Schrotmesser haben die Kellerburschen die Ränder des Kuchens abgestochen und diesen wieder aufs Tresterbett geworfen, um erneut den Trottbaum hinunterzukurbeln. Es brauchte mehrere Arbeitsgänge, um eine gute Ausbeute zu erhalten. Erst in späteren Jahren, als die Vorzüge von moderneren Korbpressen in den Weinbaubetrieben erkannt wurden, hat man auf den Presstisch einen Korb eingebaut. Dieser verhindert das unkontrollierte Wegdrängen des Tresters. Auf dem Torkel im Freilichtmuseum wird regelmässig gepresst. Abwechselnd zeigen eingeladene Organisationen das historische Handwerk den Besuchern. Die zu pressenden Trauben müssen aber mitgebracht werden.

Das Trottgebäude stammt aus dem Kanton Schaffhausen. Ursprünglich stand es am Rhein an der Strasse nach dem deutschen Büsingen. Es diente dem am anderen Rheinufer gelegenen Klos-

[1] Wandfresken von Trottenberechtigten.
[2] Wenn Jahrringe erzählen könnten.
[3] Wunderschöne Häusergruppe: Links: Trotte; rechts: Rebberg und Schaffhauserhaus.

1

2

3

1

2

3

4

ter Paradies bei Schlatt TG als Zehnten-Trotte. Das Kloster hatte einen grossen landwirtschaftlichen Besitz zu bewirtschaften. Eine Lohnliste von angeheuerten «Traubentretern» aus dem Jahre 1482 belegt erstmals eine Trotte am Fuss der damaligen Rebberge an der Schaffhauser Rheinhalde. Weitere Spuren des Gebäudes reichen aber ins 14. Jahrhundert zurück.

Wandfresken zeigen Spuren der Trottennutzung. Pächter vom Rebland des Klosters lagerten ihre Gerätschaften in der Trotte an einem vorgegebenen Ort.

Nach der Reformation und dem Tod der letzten Äbtissin des Klosters Paradies wurden die Ländereien und somit auch Reben und die Trotte verkauft. Die Trotte wurde weiter von berechtigten Weinbauern benutzt. Eine letzte Pressung wurde Mitte des 20. Jahrhundert gemacht. Allerdings wurde für diese Pressung eine Spindelpresse benutzt. Die grosse Baumkelter wurde schon früher zu Brenn- und Nutzholz verarbeitet.

Im Jahre 1972 kam das Gebäude ins Schaffhauser Bauinventar, 1978 wurde es zusammen mit einem Geldbetrag dem Freilichtmuseum Ballenberg übergeben. Der Abbau und Abtransport von Türen, Fensterrahmen und Mauerresten (mit Freskenfragmenten) geschah noch im gleichen Jahr. Nach alten Plänen wurde die Trotte originalgetreu wieder aufgebaut. Schon 1979 konnte die Trotte eröffnet werden. Das herrliche Gebäude bildet mit dem Wohnhaus aus Richterswil und einem kleinen Rebberg eine schöne Gruppe, die das ländliche, weinbaugeprägte Landleben darstellt. Dazu gehört auch der Tresterschopf aus Männedorf, ein luftiger Lagerplatz für die gepressten Tresterresten, die im Winter dann zur Beheizung von Gebäuden dienten.

[1] Hinterstud mit der Jahrzahl 1695.
[2] Im Boden versenkter Trottstein.
[3] Tresterstöckli für die Heizung.
[4] Erntegeschirr mit Söndergefäss für schlechte Trauben.
[5] Nutzungsplan in der Trotte 1902.
[6] Holzschnitzverzierungen an der Spindel.

5

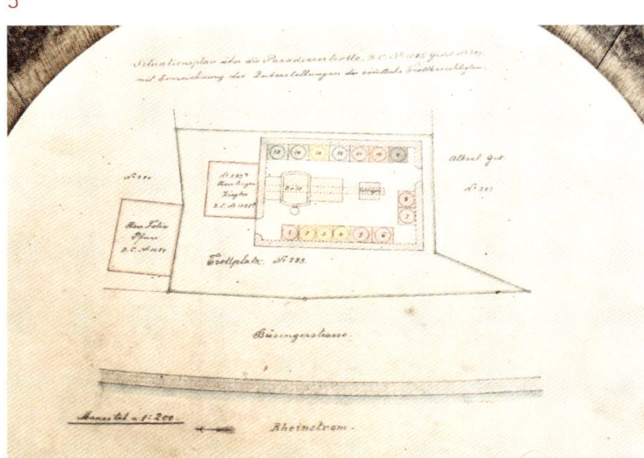

6

Mööslitrüel · Spiez

Die Kleine mit den geflochtenen Reifen

Viele Zeugen einer grossflächigen Weinkultur im Berner Oberland gibt es nicht mehr. Immerhin wurden in diesem bergigen Berner Kantonsteil einmal fast 1000 Hektare bewirtschaftet. Es war nicht die Reblaus, die den Weinbau zum Erliegen brachte. Vielmehr war es die Pilzkrankheit Hallimasch und die immer besser werdende Konkurrenz aus dem Süden über den Lötschberg und aus dem Westen die Waadtländer Weine, die den Anbau und den Markt veränderten. Um 1853 waren alleine in Spiez noch 17 Trottengebäude im Grundbuchsteuerregister vermerkt.

In diesen wurden alle Trauben aus der nahen Umgebung, aus Einigen, Spiezwiler, Faulensee und Spiez gekeltert. Bis Ende des 20. Jahrhunderts wurden bereits die meisten dieser Trüels abgerissen. Alle Trottbäume wurden zu Brennholz verarbeitet. Wahrlich ein Zeichen, dass man die Zeiten der «Sauren Weine» nun beenden wollte. Selbst alle Traubengeschirre und weitere Spuren wurden vernichtet.

Übrig blieb ein einziges Trottgebäude. Der Mööslitrüel. Dieses schmucke Häuschen wurde in den 1980er Jahre von der 1945 neu gegründeten Rebbaugenossenschaft Spiez gekauft und der Stiftung Heimat- und Rebbaumuseum für die Eröffnung des Museums 1986 geschenkt.

In der Ostschweiz, vermutlich im Zürcher Weinland, konnte die Genossenschaft eine alte Baumtrotte kaufen. Der Küfermeister Heinz Martin aus Ligerz hat die Trotte instand gestellt und aufgebaut.

Historische Bilder zeigen eine Presse, die nicht freisteht, sondern an der Wand stand. Der Baum war am Hinterstüd fixiert und arbeitete einzig mit der Hebelkraft auf das Pressgut. Ein zusätzliches Gewicht konnte mit der Spindel hochgehoben werden. Ein vorderes Stüd fehlte gänzlich.

Die im Heimat- und Rebbaumuseum aufgestellte Baumpresse präsentiert sich mit einem Bretterkorb (nachgebaut). Diese Technik wurde wohl erst Ende des 19. Jahrhunderts angewandt. Als erster Versuch einer Korbpresse diente diese Presse noch einige Zeit als Obstpresse.

Ein Unikat gibt es in Spiez aber trotzdem zu besichtigen. Lange geflochtene Weidenschlangen zeugen von einer Hilfe für die Begrenzung des flüssigen Tresterkuchens auf dem Tisch. Die Weidenschlange gab dem Druck der Presse jeweils nach und konnte so über Jahre gebraucht werden. Historiker gehen auch bei diesem Hilfsmittel von einer Anwendung im Obstbau aus. Solche Zöpfe dienten z.B. in Stammheim als Dichtungsmasse auf dem Presstisch.

[1] Historische Darstellung eines alten Trüels in Spiez.
[2] Geflochtene Weidenschlangen.
[3] Nachträglich eingebauter Presskorb.

1

2

3

Schraubentrüel im Rebhaus Wingreis · Twann-Tüscherz

Mit Schnapsdampf konserviert

Im wunderschön hergerichteten Rebhaus in Wingreis werden heute keine Trauben mehr gepresst. Vielmehr können im Keller des Wohnmuseums im Weiler Wingreis Gäste empfangen werden. Im Sommer sind es Gruppen, die sich für Reben und deren besonderen Weine interessieren. Im Winter schwebt ein feiner Duft durch den Raum. Ein Duft von im Marc (Tresterbrand) gegarten Würsten, den traditionellen Treberwürsten. Diese Tradition hat wohl am Bielersee seinen damaligen Ursprung gefunden. Früher brachten die Bauern die vergorenen Maischen und Trester zum Brenner an den See, um dann gegen Abend den gebrannten Schnaps wieder nach Hause zu nehmen. Als Verpflegung packte die Bäuerin ihrem Gatten eine gute Wurst in den Rucksack, die vom Brenner über Mittag im Brennhafen gegart wurde. In Wingreis selber wird eine andere Geschichte erzählt: Wenn die Rebleute beim Schneiden der Rebe kalte Finger bekamen, gingen sie zum Brenner um sich am Brennhafen aufzuwärmen. Eine warme Wurst garte über dem Trester und wärmte von innen her.

Heute wird die Tradition der Treberwürste am Bielersee immer anfangs Jahr gepflegt. Zusammen mit einem kleinen Schlückchen vom «Neuen», dem Wein, der in den Fässern reift.

Auf Grund von historischen Aufzeichnungen sind die Trüels am Bielersee keine umgebauten grossen Baumpressen. Vielmehr weisen die Verzierungen und der eingeschnitzte Jahrgang auf dem grossen Baum auf eine eigene örtliche Konstruktion hin. Auf zwei hohen Stelzen ist der Baum über dem Presstisch platziert. Eine Spindel drückt so aktiv auf den Presskuchen. Mit der «Manivelle» (siehe besonderen Hinweis) wird per Seilzug an die Wand die Spindel unter Zug genommen. Bei nachlassendem Pressdruck kann an der «Manivelle» immer wieder der Druck angepasst werden. Der grosse Trüelbaum ist mit der Jahrzahl 1827 A E datiert. Abraham Engel war wohl der erste Besitzer dieses Trüels. Dieser stand wohl ursprünglich im Haus Ligerz in Kleintwann. An den jetzigen Standort kam der Trüel erst in den 1970er Jahren durch die neugegründete Stiftung.

[1] Das Rebhaus von Süden.
[2] Der Weiler Wingreis in Twann-Tüscherz.

1

2

1

2

3

4

Das Rebhaus in Wingreis mit Herrschaftshaus, Trüel und Keller wurde um 1640 von Johann Anton Güder erbaut. 1850 wurde die Liegenschaft an die Familie Thormann vererbt. Der Name Thormann wurde zum Gutsnamen bis in die Neuzeit. 1977 wurde das Gut verkauft. Der Strassen- und Bahnbau wurde zur nahmhaften Bedrängnis für das herrschaftliche Anwesen. Dank der Interessengemeinschaft Bielersee (IGB) konnte ein Abbruch verhindert werden. Dank Unterstützung des Bundes und des Kantons wurde der Gebäudekomplex in eine Stiftung überführt. Diese hat das Gebäude unter Aufsicht der Denkmalpflege restauriert. Wandmalereien und das Mobiliar zeugen von einer reichen Geschichte dieses Hauses. Während im Obergeschoss ein Wohnmuseum mit der Möglichkeit für Kunstausstellungen eingerichtet ist, wurde der Keller an die lokalen Winzer vermietet, die darin Anlässe organisieren konnten. Heute ist der Keller an eine Privatperson vermietet, die die Besucher für Degustationen und im Winter auch für die bekannten Treberwurstessen empfängt.

1946 wurden im Keller des Rebhauses in Wingreis das letzte Mal Trauben aus dem Rebgut verarbeitet. Nachdem die Familie Hubacher aus Twann während 200 Jahren über Generationen hinweg die Reben betreuten, kaufte 1993 Fritz-Peter Hubacher die Reben, deren Trauben nun in der Johanniterkellerei in Twann zu besten Weinen gekeltert werden. Der hauseigene Hafen am See hat für den Transport der Weine seine Bedeutung an die Strasse verloren. Der Weiler Wingreis gehört heute zur Gemeinde Twann-Tüscherz.

5

[1] Das stattliche Rebhaus im Winterkleid. Die Treberwürste sind gegart – die Gäste können jederzeit eintreffen.
[2] Trüelzimmer.
[3] «Manivelle» (siehe Seite 197).
[4] Eingang zum Keller.
[5] 1827 A E. Inschrift am Trüel.

Trüel im Rebbaumuseum «Hof» · Ligerz

Lokale Schönheit unter Polizeischutz

Betritt man den «Hof» an der Grenze von La Neuveville zu Ligerz an einem sonnigen Tag, beobachten Dutzende von Augen, wer ankommt und sich ins Museum wagt. Alles scheint registriert zu werden. Aus den Ritzen zwischen verrosteten Maschinenteile und altehrwürdigen Holzbalken wagen sich die Eidechsen hervor, um sofort wieder zu verschwinden, wenn sie entdeckt worden sind. Vielleicht übernehmen die Echsen die Aufgabe der örtlichen Seepolizei. Der ehrwürdige Trüel mit eingeschnitztem Wyttenbach-Wappen stand bis ca. 1974 in Kleintwann, wo heute die Seepolizei ihre Einsätze plant.

Erste Zeugen der Liegenschaft in Ligerz, auf heutigem Gemeindegebiet von La Neuveville gelegen, können ins Jahr 1380 zurückdatiert werden. Das heute bestehende herrschaftliche Gebäude wurde in den Jahren 1545 bis 1555 erbaut und später mit dem markanten Erker ergänzt. Die Familie des Erbauers, Rudolf von Ligerz, wohnte bis 1603 im Hause, behielt aber die Domaine weitere lange Zeit in ihrem Besitze. Im Jahre 1918 erwarb der Kunstmaler Dr. Ernst Geiger von zwei Winzerfamilien das Gebäude als Wohnhaus und Atelier. Sein Sohn, Dr. Wolfgang Geiger, verkaufte/stiftete das Herrenhaus mit dem Garten 1970 an die neugegründete Stifung «Rebbaumuseum Bielersee».

Nach einer eingehenden Renovation, finanziert durch Lotteriegelder und Beiträge der Eidgenossenschaft, wurde das Museum 1973 eröffnet. Herrliche Sammlungen von örtlichem Handwerk können hier besichtigt werden. Eine vollständige Küfferei aus Ligerz, Werkzeuge aus dem Pfropfhaus in Twann, herrliche Fässer aus verschiedenen Kellern entlang des Bielersees. Das Museum vertieft sich in neue Themen, wie die Aufarbeitung der damals restriktiven Rebsortenbeschränkung auf dem Weg zur heutigen liberalen Freigabe von neuen, teils ökologischen Sortenzüchtungen. Gleichzeitig ist das Haus auch Standort für die Begegnung mit anderen lokalen Ereignissen und wichtigen Persönlichkeiten. Immerhin wurden in Twann weltbekannte Balgen-Fotoapparte hergestellt.

Auch Bilder von Ernst Geiger schmücken die Wände in den schönen Sälen des Hauses.

Der Trüel im Rebbaumuseum Hof zu Ligerz reiht sich technisch und optisch in die benachbarten Trüels von Wingreis und Twann ein. Sie sind nicht vergleichbar mit den Trotten/Torkels der Deutschschweiz, Liechtenstein und auch des nahen Auslands. Bei den lokalen Pressen fehlt der gewichtige Baum, um das Traubengut zu pressen. Die mächtigen Zeitzeugen am Bielersee sind Schraubentrüel. Vermutlich von

1

2

[1] Wappen der Familie «von Ligerz» an der Fassade.
[2] Geschnitztes Wyttenbach Wappen 1710 auf dem Trüel.
[3] Herrschaftshaus, eingebettet in die Gassen von Ligerz.

3

1

einem lokalen Küfermeister oder Zimmermann hergestellt. Typengleiche Trotten sind im Museum Unterlinden in Colmar zu finden. Der geschnitzte, massige Balken ist aufgesetzt auf einem leicht gebauten Gestell. Die Schraube wirkt direkt auf das Pressgut. Die Grösse des Tisches und die nahen Balken aber verhindern ein freies Drehen der Spindel. Mit einem Hanfseil zogen die Kellerburschen aus Distanz im freien Raum an den Hölzern, um die Spindel zu drehen. Um die Kraft zu erhöhen führte das Seil oft noch über eine Umlenkrolle an der nahen Wand.

Als modernere Variante zeigt das Museum aber auch die «Manivelle» (siehe Seite 197). Mit einem Handtriebel wird das Hanfseil über ein übersetztes Getriebe auf die Holztrommel aufgezogen. Ein platzsparendes und vielleicht auch ein personalsparendes Verfahren.

Der Presskorb auf dem Trüeltisch erscheint nachgebaut. Ob dieser Korb historisch bereits am Anfang so gebaut wurde, oder ob die Vorzüge der späteren Korbpressen genutzt wurden, um den Trüel länger in Betrieb zu halten, ist nicht bekannt. Meistens wurden anfänglich für die Traubentrester keine Körbe benutzt. Trotten in Obstgebieten hatten wesentlich früher diese praktische Begrenzung auf dem Presstisch.

[1] Ein historisches Trüel-Relikt, an der Sonne gegerbt.
[2] Fotoapparat von Engel-Feitknecht.
[3] Weinfasswaage Bahnhof Ligerz.
[4] Werkzeuge der Küferei von Heinz Martin.

2

3

4

Trüel · La Neuveville/Neuenstadt

Eine Oberländerin im Welschlandaufenthalt

Das Bernerhaus in La Neuveville hat eine lange weinbauliche Tradition. Es gehörte ursprünglich zum Kloster Bellelay. Das mächtige Rebhaus wurde 1631 erbaut. Schon zu Beginn diente das Haus den Mönchen zur Verarbeitung der Weinernte. Im Jahre 1804 gelangte das Haus in einem Tauschhandel an die Stadt Bern. Bis 1969 wurden die Weine des Berner Stadtgutes in diesem markanten Gebäude am Rande des historischen Ortes La Neuveville gekeltert. In der Lorette mitten im Rebberg wurde danach ein neues, modernes Kellergebäude gebaut. Das ehrwürdige Berner Haus wurde in einer aufwendigen Renovation zu einem Eventlokal umgebaut. Berühmt ist dieser Kellerraum wegen den jährlich stattfindenden Treberwurstessen mit jeweils bis zu 120 Personen. Der Kellerraum strahlt eine historische Gemütlichkeit aus, inmitten historischer und schön beschnitzter Holzfässer. Zum Inventar dieses Lokals gehört eine schöne Baumtrotte, inmitten von vielen Traubenzubern mit dem Berner Wappen. Die-

se Trotte wurde 1731 für die grossen Rebhänge in Oberhofen am Thunersee geschaffen. Zwei solcher Trüels standen in einem von der Sonne gegerbten Blockholz-Gadens in der Guntenmatte am Ufer des Sees. Alleine in Gunten zählte man einmal 10 Trüel-Gebäude, dort wo zwischen Oberhofen und Gunten der beste Wein an den Südhängen reifte. Immerhin wurden einmal im Berner Oberland bis Ende des 19. Jahrhunderts über 1000 ha Reben angebaut.

Als auch im Berner Oberland die Rebberge wegen besserer Konkurrenz und der Wurzelkrankheit Hallimasch nach und nach verschwanden, wurden die Gerätschaften dieser historischen Kultur zu Brennholz und Balkenholz verarbeitet. Der letzte Oberländer Trüel-Baum wurde 1909 vom Bernischen Historischen Museums gekauft und in Bern ausgestellt. Seit 1985 steht die mächtige Holzpresse als Leihgabe in den damals neu renovierten Räumen des Berner Kellers in La Neuveville.

Inzwischen soll der historische Trüel aus dem Berner Oberland bereits einwandfrei Französisch verstehen. Auch die Bewohner von La Neuveville zeigen inzwischen recht viel Verständnis für die Art der knorrigen Oberländerin.

Die «Manivelle» am Bielersee

In den Kellern am Bielersee gab es spezielle Typen von Baumpressen. In Twann, Ligerz und in Wingreis sind noch Baumpressen vorhanden. Es wurde nicht mit dem Gewicht des Baumes gepresst. Vielmehr bestand die Presse aus einer massiven Holzkonstruktion über dem Presstisch. Mit einer Spindel wurden Bretter und Balkenlagen direkt aufs Pressgut gedrückt.

Da das Drehen der Spindel innerhalb der Konstruktion nur begrenzt möglich war, wurde die Drehbewegung über ein Zugseil über eine Drehvorrichtung an die Wand übertragen. Dort konnte der Kellergehilfe mit der Handkurbel «Manivelle» im Schnellgang oder verlangsamt mit einer Übersetzung die Kraft beim Pressen dosieren.

Solche «Manivelle» an der Wand sind noch im Rebhaus Wingreis, im Hafen von Tüscherz und im Rebbaumuseum in Ligerz zu sehen. In Tüscherz wurden mit einer «Manivelle» noch einige Zeit die Schiffe an Land gezogen. Heute ist es ein weinbauliches, historisches Zeichen an der Hafenwand. Einige Jahre vermittelte die Wandmalerei ein malerisches Bild eines Weinkellers. Heute wurde diese Malerei mit fröhlichen Bildern von Kindern übermalt. Wer weiss noch, wofür die «Manivelle» einmal gebraucht wurde.

Triel und Driel
Oberwallis

VON SIERRE BIS TÖRBEL

Die Sprache der Oberwalliser ist eigen, anders und wohlklingend. Die Baumpressen im Wallis heissen «Driel». Verwandt mit der Bezeichnung im Kanton Bern kommt das Wort aus der Bezeichnung «Trüele» (Drehen).

Die historischen Pressen in Salgesch und Sierre sind welsch geprägt. Die Pressen in Eggerberg, Zeneggen und Törbel sind wohl die kleinsten Baumpressen der Schweiz. Hier waren Familien berechtigt, ihre Trauben zu pressen. Einzigartig ist die Lage dieser Dörfer. Die Trauben mussten jeweils mit Maultieren oder auf dem Rücken aus dem Rebberg in die Dörfer hochgetragen werden. Die Zenegger Driels waren schon früher nur überdeckt, in keinem Kellergewölbe eingebaut.

In Visperterminen waren die Triels und der Driel genossenschaftlich organisiert. Die «Geteile» waren Anrechte und Pflichten an einer Trottengemeinschaft, ähnlich organisiert wie die Rechte am Backhaus und die Rechte an den Wasser-Suonen. Darum sind die letzten Driels hier wieder etwas grösser als auf der anderen Talseite.

Intaktes Dorf Terbinen/Visperterminen Oberstalden.

Triel · Sierre/Siders

An der Grenze von Arbeit und Genuss

Die Amtssprache von Sierre ist Französisch. Die deutsche Sprache aber ist in Siders allgegenwärtig. Selbst der Bahnhof ist zweisprachig angeschrieben. Bei Weinproduzenten, Weinliebhabern und Weinjournalisten ist Sierre in den letzten Jahren zur Welthauptstadt der Pinot-Trauben geworden. Der jährlich stattfindende von Vinea organisierte Weinwettbewerb Mondial des Pinots findet in diesem Ort im Mittelwallis statt. Bekannt ist Sierre aber auch bei den Schweizer Winzern. Hier werden jährlich in verschiedensten Weinkategorien die Medaillen beim Grandprix du Vin Suisse erkoren.

Die historischen Kellerräume und Säle im Hotel de Ville von Sierre sind ein idealer Ort für Wettstreite im Dienste guter oder sogar hervorragender Weine. Ob hier im heutigen Gemeindehaus früher Trauben gepresst wurden, ist nicht verbürgt. Heute steht eine Baumtrotte als Bartheke in einem ehrwürdigen Raum, wo Walliser Berühmtheiten dem Wein in schweren Kannen frönen.

Die Trotte ist nicht mehr Zeuge von historischer Arbeit. Vielmehr ist sie zum Zeichen von Genuss und Freude geworden.

Die Konstruktion dieser Baumtrotte gleicht nicht den Triels im Oberwallis. Vielmehr entspricht diese Baumpresse dem Typ, der in den Museen in Aigle und Salgesch zu sehen ist. Am Bielersee und an den waadtländer Ufern des Neuenburgersees war diese Presstechnik verbreitet. Ebenso gibt es im Museum Unterlinden in Colmar baugleiche Baumtrotten.

Weinmuseum Salgesch · Salgesch

Oberwalliser Zeitzeuge an der Sprachgrenze

Im Weinmuseum Salgesch steht eine «Weinpresse mit Zentralspindel» aus Sierre. Diese 1814 gebaute Trotte gleicht nicht dem Typus der Baumtrotten, wie sie in der Ostschweiz aufgestellt sind. Vielmehr gleicht dieser Zeitzeuge örtlicher Weinkultur den Trüels, die heute noch am Bielersee anzutreffen sind. Auch hier wiederum an der Grenze zum französischen Landesteil. Solche Pressen sind auch im Elsass anzutreffen.

Auffallend an der Trotte in Salgesch ist der bewegliche Balken, der auf den Trester zu liegen kommt. Die Spindel drückt beim Pressen direkt und kraftvoll auf diesen Balken. Kein Gewicht eines Trottbaumes oder eines Trottsteines kann die Pressarbeit unterstützen.

AVIS

Im Weinmuseum, in einem wunderschön renovierten Winzerhaus im Dorfkern von Salgesch, widmet sich eine Dauerausstellung allen Themen des Rebbaues und des Weins im Wallis. Im Weinmuseum Sierre werden in Wechselausstellungen zu verschiedenen Themen Ausstellungen gezeigt. Die beiden Museen sind mit einem Weinwanderweg verbunden. Traditionelle Tafeln, aber auch moderne elektronische Entdeckungsspiele laden zum Wandern und zur Verbesserung des eigenen Weinwissens ein.

Triel von Eggerberg · Eggerberg

Walliser Bescheidenheit inmitten von besonnten «Grieniga»

Es sind nicht die Weinhänge an der Südrampe der Bern-Lötschberg-Simplonbahn, die bekannt sind. Vielmehr sind die Wanderpfade bekannt für eine vielfältige und oft auch selten vorkommenden Flora und einer wärmeliebenden Insektenwelt. Die Bewohner in Eggerberg, die «Grieniga» haben ihren Namen von den Smaragdeidechsen, die hier heimisch sind. Darum wird hier geworben mit: «Eggerberg – Smaragd am Lötschberg».

Es ging den «Grieniga» nie um einen allfälligen Weinexport in die «Üsserschwiz». Vielmehr war die Parzellengrösse dem eigenen Bedarf angepasst. Einige dieser Parzellen sind noch heute in Dorfnähe zu finden. Andere Parzellen haben die Bewohner von Eggerberg unterhalb des Dorfes angelegt.

Die Triel im Oberwallis sind nicht bekannt für eine gewichtige Massigkeit. Viele Triel waren in angebauten oder freistehenden Unterständen untergebracht oder sogar in Kapellen, die nicht mehr geweiht waren.

Die zierliche Art der Holzkonstruktion der Baumpresse aus Lärchenholz ist typisch für die Dörfer hoch über dem Rhonetal. Einer Bewohnerin von Eggerberg folgend, soll die Bescheidenheit der Pressengrösse der Bescheidenheit der Dorfbevölkerung entsprechen.

Wuchtig steht das wunderschöne Trielhaus, ein weiterer lokaler Edelstein, mitten im idyllischen Dorf. Dank Pro Patria und der grosszügigen Unterstützung der Schweizer Patenschaft für Berggemeinden wurde das historische Gebäude zu einem wahren Bijou. Unten im Gemäuer steht der Triel, die Baumtrotte. Auf dem Kellersockel steht auf Beinen ein von der Sonne schwarz gegerbtes Stadelgebäude.

Ob die typischen Steintische den Duft des gärenden Saftes abwehren mussten oder ob die fliehenden Mäuse bei Beginn des knarrenden Holzes im Herbst vertrieben werden mussten ...?

Der Eggerberger Triel ist ein stolzer Zeuge historischer Arbeit mit Obst und Trauben. Stolz zeigt sich dieser Zeuge hoch über einem Tal, das an der Zukunft baut. Zwei Welten, die einander aus dem Weg zu gehen scheinen, aber trotzdem zusammengehören. Die Bewohner von Eggerberg geniessen die Ruhe in ihrem Dorf, gerade nach dem hektischen Tagwerk der modernen Fabriken von Visp.

Ein zweiter Triel von Eggerberg befindet sich seit 1964 im Landesmuseum in Zürich.

1

2

[1] Spindel mit Jahrgang 1750.
[2] Putschhammer für die Zerkleinerung der Früchte.
[3] Triel, mitten im Dorf thronend.

3

«Driel uf em Biel» · Terbil/Törbel

Hochalpine Walliser Weinkultur

Dass im Wallis Weinberge bis zu einer Höhe von 1200 m ü. M. gepflegt werden, ist eigentlich bekannt. Dass aber Trauben seit Jahrhunderten auf einer Höhe von 1500 m ü. M. gekeltert werden, ist doch einigermassen überraschend. Die «Törbjer», die Einwohner der Gemeinde Törbel (Walliserdeutsch: Terbil), besitzen seit Generationen zwischen Stalden und Visp ihre Rebparzellen. Bei der Ernte wurde das Traubengut in Holzbrenten (Wiichibjinu) mit den Maultieren 1200 Höhenmeter in zwei Stunden ins Dorf geführt, in ein Dorf, das immerhin auf 1500 m ü. M. über dem Tal liegt. Ein Teil des gepressten Saftes blieb im Keller im Rebhäuschen, wo er im Winter reifte und den Rebleuten bei den Arbeiten im Frühling und Sommer zur Verfügung stand. Der überschüssige Wein wurde in einem Lagol später in den Dorfkeller transportiert und dort in Holzweinkufen gelagert. Die Grösse dieses Transportfasses, ca. 50 Liter, im Wallis Lagol genannt, wird heute noch zum Mass genommen, wenn der Gemeinderat dem Kirchenchor anlässlich des jährlichen Sängermals Wein zum Dank reicht.

In Törbel gab es bis zu den 1960er Jahren vier Driele, die noch gebraucht wurden. Heute existieren noch zwei Holzpressen im Dorf, die erhalten geblieben sind. Ein Driel steht im Dorfteil Biel, der von den Eigentümern 1999 dem Verein «Urchigs Terbil» geschenkt wurde. Dieser Verein hat nicht nur den Trottbaum in Stand gestellt. Vielmehr wurden wunderschöne, schwarzbraun gebrannte Holzstadel, Speicher und Holzhäuser renoviert, um der Nachkommenschaft altes Handwerk zu erhalten. Auf dem Driel im Museum ist die Jahrzahl 1864 eingeschnitzt. Die verschiedenen Balken der Baumtrotte lassen aber erahnen, dass Teile der Konstruktion wesentlich älter sein könnten. Auf dem grossen Baum sind alle damaligen «Genossenschafter» mit den Initialen vermerkt. Es ist verbürgt, dass diese Rebleute nie Statuten brauchten, um ihren Wein zu pressen.

Der Driel arbeitet einzig nach dem Prinzip der Hebelwirkung. Der Trottbaum ist am Hinterstüüd fixiert. Die vorderen Stüüd dienen einzig der Zentrierung der Kraft auf das Pressgut. Das Pressgewicht wird durch den hängenden Trott-Stein erhöht. Diese Arbeitsweise ermöglichte eine schlanke und elegante Konstruktion mit einer kunstvoll gedrehten Holzspindel.

Ein weiteres Museumsgebäude ehrt die Arbeit der Maultiere, die das Bergdorf und die Tradition der eigenen Kelterung über Jahrhunderte ermöglichte.

1

2

[1] «Lagol», ovales Transportfass.
[2] «Troser», Holzstünggel, um die Maische zu rühren.

Triels · Zeneggen

Die Familiären an der frischen Luft

Die letzten 3 übriggebliebenen Triels von Zeneggen, hoch über dem Talboden bei Visp strotzen nicht vor Grösse. Vielmehr gehören die Zeitzeugen in diesem Dorf zu den kleinsten Baumtrotten der Schweiz. Diese Hilfsmittel zum Pressen von Trauben gehören den Familien, die in der Umgebung wohnen. Diese Rechte sind immer noch vorhanden und verbrieft. Die Triels haben keine Verwendung mehr. Die Trauben werden nicht mehr zu Fuss, auf dem Rücken oder mit Maultieren hoch zu den Dörfern getragen. Heute wird aus den Kleinstparzellen im Tal das Traubengut zu grösseren Kellereien gefahren.

Eine herrliche Eigenart ist in Zeneggen noch anzutreffen. Die Triels sind nicht in den Kellern versteckt. Ein schützendes Dach genügte für ein Gerät, das nur einige wenige Tage im Jahr gebraucht wurde. Lesenswert ist in der Chronik des Dorfes, dass Triels, wie auch das danebenstehende Gebetshäuschen, dem Strassenbau weichen mussten. Dieser Triel mit der dendrochronologisch verbürgten Jahrzahl 1723 wurde zum Gasthaus Des Alpes gezüglet, wo der Wein für die Gäste gepresst wurde. Eine weitere Kapelle wurde schon im 19. Jahrhundert zu Profanzwecken umfunktioniert, indem darin ein Triel aufgestellt wurde. Auch diese Kapelle musste dem Strassenbau weichen. Der Triel im Ortsteil Gstein gehört zu einer intakten Häuser- und Speichergruppe. Die Eigentümerfamilien legen Wert auf bewohnbare Strukturen, inmitten von gut instand gehaltenen Gebäuden. Vielleicht schützt gerade die Abgeschiedenheit vor unternehmerischen Gross-Projekten.

1

[1] Triel der Familie Imesch, Des Alpes.
[2] Triel Zeneggen, Ortsteil Gstein, mit der Jahrzahl 1741.

2

Wenn der Trielvogt über die Geteilschaft wacht

In der europäisch höchstgelegenen Reblandschaft der Gemeinde Visperterminen ist Vieles anders als in den Weingebieten der deutschsprachigen Schweiz. Und Vieles ist auch anders als in den Triels der Walliser Gemeinden Zeneggen, Törbel und Eggerberg.

Die Baumtrotten sind wieder grösser, gewichtiger als auf der anderen Talseite. Sie haben und hatten wohl auch reichhaltigere Ernten zu verarbeiten. Ganze Dorfteile schlossen sich zusammen in Genossenschaften, den sogenannten «Geteilschaften». Und oft entsprachen diese verbürgten Rechte der Bewohner auch den Rechten und Pflichten beim Backhaus, bei der Suonenbewirtschaftung (Wasser) und bei den kirchlichen Pflichten. Periodisch wurde das Amt des Trielvogtes innerhalb der beteiligten Familien weitergegeben. Während in der Kirche des Dorfteiles Oberstalden die Tesseln bis ins Jahr 2067 vergeben sind, brauchts diese Verpflichtung für die Traubenpresse heute nicht mehr.

Im Museum in Terbinen werden diese Tesseln gezeigt [1]. Wie Rosenkränze sind die Holzklötzchen aufgereiht. Nicht zufällig. Vorbestimmt ist der oberste Besitzer der Tessel der momentane Vogt. Die Anzahl Striche zeigt die Grösse der Berechtigung der Familie. Nach abgelaufener Frist wird die oberste Tessel an den Schluss der Schnur gebunden. Der nächste Vogt übernimmt für ein oder zwei Jahre.

1

1

Auch sind die Triels in Visperterminen mit vielen, sonst unbekannten Finessen veredelt. Fast alle besitzen einen runden Presskorb. 1870 wurde an der Weltausstellung in Paris erstmals eine Korbpresse aus der Steiermark vorgeführt. Die Vorzüge dieser Vorrichtung zeigte, dass das Pressgut beieinanderbleibt und so rationeller mehrere Druckvorgänge schneller aufgebaut werden konnten. Diese nachträglich eingebauten Körbe sind in Visperterminen rund, in der restlichen Deutschschweiz aber eckig. Hier hat wohl ein Besitzer oder ein Zimmermann eine Idee ins ganze Dorf getragen. Ein örtliches Unikum sind auch die Blechauskleidungen des Presstisches. Auch hier wurde die Idee eines Schlossers in einigen Kellern umgesetzt. Der sonnengereifte Saft fliesst direkt in den Zuber, ohne in Berührung mit dem grossporigen Holz zu kommen. In Visperterminen steht auch der wohl einzige Triel, der noch jährlich für mehrere Pressungen in Gebrauch steht.

2

[1] Mit Blech ausgekleideter Presstisch.
[2] Runder Presskorb.

Ortsteil Unterstalden · Visperterminen

Die Jungebliebene – Voll im Saft

Der fruchtige Geschmack von frisch gepresstem Traubentrester liegt noch in der Luft. Gerade wurde auf diesem Triel noch gepresst. Der mit Blech ausgekleidete Pressboden ist gereinigt. Die Spindel ist gefettet und kann «ring» gedreht werden.

Fernab der Strasse von Visp nach Visperterminen steht mitten in dem fast intakten Ortsteil Unterstalden ein Gebäude aus dem Jahr 1649. Der Triel selber ist datiert aus dem Jahr 1865. Der jetzige Eigentümer hat einige Häuser im kleinen Umkreis käuflich erworben und renoviert. So ist er auch zu den Rechten des Triels gekommen. Die Freude am Alten bewegt wohl auch das Dorforiginal als junggebliebener Rentner, die Arbeiten der Vorfahren zu schätzen. Der Jungwein des Jahrgangs 2022 ist in Gärung. Ein Versprechen für ein lebendiges Handwerk, das in Ehren gehalten wird.

2 3

[1] Gewaschene Presskörbe.
[2] Baumpresse aus dem Jahre 1865.
[3] Kühlaggregat.

Ortsteil Barmühle · Visperterminen

Fern von Strasse und Wandervolk

Der bewachsene Weg zum Weiler Barmühle zeigt sichtlich Spuren eines Raupenfahrzeuges. Jeder Stein, jeder Balken, jeder Ziegel muss den steilen Zugang zu den wunderschönen Holzhäusern passieren. Bei jedem Schritt spürt man die Mühen der Rebleute, die früher auf dem Rücken das Traubengut zum Triel tragen mussten. Der Weiler Barmühle und 3 weitere Weiler fusionierten im Jahr 1715 mit der Ortsgemeinde Visperterminen. Drei Jahre später wurde der Triel aus dem örtlich vorhandenen Lärchenholz aufgestellt. Der kleine Ortsteil ist von Leben beseelt. Junge Besitzer renovieren die Häuser mit viel Elan und Handarbeit zu eigenen Wohnungen und Ferienlogis. Und mittendrin der altehrwürdige Triel stört dabei niemanden. Hoffentlich noch für viele Generationen.

2

1

[1] Ortsteil Barmühle.
[2] Reparierter Trielbalken aus dem Jahr 1842.

Ortsteil Oberstalden · Visperterminen

Mit weichem «D» und museal in Schwung gebracht

Der Driel im Ortsteil Oberstalden steht mitten im idyllischen Dorfteil. Ein grosser Parkplatz lädt die Durchreisenden ein, im intakten Dorf die Schönheiten der von der Sonne gegerbten Häuser zu entdecken. Und hier war es angebracht, dass die Geteilen (berechtigte «Genossenschafter») von Oberstalden sich um den baufälligen Driel aus dem Jahre 1771 kümmerten und diesen renovierten. Der Presstisch zeigt an einzelnen Teilen die Jahrzahl 1724. Vielleicht wurde ursprünglich aus zwei Pressen ein neuer Driel zusammengebaut. Und irgendwann wurde dieser Driel mit einem weichen «D» ausgestattet.

1

2

[1] Oberstalder Wegbeleuchtung.
[2] 1991 neu gedrechselte Spindel.

Ortsteil Bitzinen · Visperterminen

Die mit dem links-rechts-links-rechts Dreh

Dort, wo früher mit viel Gefühl die Kellerburschen an der Spindel drehten, muss heute mit viel Gefühl der Schlüssel im Schloss der alten Trieltüre geführt werden. So einfach lässt sich ein Kulturgut nicht mehr offenbaren.

Das sorgsam vom Kulturverein renovierte Trielhäuschen steht etwas abseits des Weilers. Und hier wird es wohl und hoffentlich noch lange stehen. Und vielleicht wird dieses örtliche Kulturgut einmal zum Treffpunkt für die jungen Familien, die mit viel Elan in der Nähe alte Häuser zu Bijous umbauen und ganzjährig bewohnen. Die Wohnqualität der Abgeschiedenheit von Industrie und Durchgangsverkehr hilft auch dem Erhalt der faszinierenden Struktur dieser vom Rebbau geprägten Landschaft.

Ortsteil Niederhäusern · Visperterminen

Trielvogt und Backhausvogt im Zwiegespräch

Dieser Triel steht an der Durchgangsstrasse nach Visperterminen. Auffällig ist der Aufbau des oberen Stockwerkes. Dieser diente nicht dem Nachtlager der Kellerburschen während der strengen Presszeit im Herbst. Hier wurde lange Jahre auch ein Backhaus betrieben, wo die dazu berechtigen Anwohner ihre «Geteilschaft» ausüben durften. Oben das Brotbacken für die Familie und unten das Pressen für einen herrlichen Tropfen. Ob für dieses Haus am Strassenrand zwei Vögte zuständig zeichneten oder ob das Amt beide Handwerke zusammen unter Kontrolle hatte?

Anhang

Trotten auf Reisen

Trotten, Torkel und Trüels stehen nicht immer dort, wo sie ursprünglich aufgebaut wurden. Oft wurden sie zerlegt und an anderen Orten wieder aufgebaut. Bei zahlreichen Trotten wurden bei Reparaturen Bestandteile anderer zerlegter Pressen verwendet. Heute noch suchen einige stehende oder zerlegte Baumpressen einen neuen Verwendungszweck, sei es in Museen oder zur Dekoration schöner Eventräume.

Zum Glück ist es gerade die jüngere Generation, die sich für diese Zeitzeugen zu interessieren beginnt. Es sind Zeitzeugen, die eine wesentlich längere Lebensdauer hinter sich haben, als die schnelllebige Kultur der Telefon-Elektronik im Taschenformat.

Trotte Weinbaumuseum Halbinsel Au
Rorbas
→ Küsnacht (Lager)
→ Halbinsel Au

Trotte Museum Holzhausen
Trülletrotte Flurlingen
→ Küsnacht
→ Holzhausen

Trotte Ritterhaus
Wollerau
→ Bubikon
→ Schloss Zuckenriet SG (2024)

Landolt – Trotte Andelfingen
Gretschin/Wartau
→ Landolt Zürich
→ Schiterberg Andelfingen

Trotte im Museum zur Farb Stäfa
Remetschwil
→ Stäfa (Alte Trotte von Stäfa → Wädenswil)

Trotte Zunft Riesbach, Zürich
Rudolfingen
→ Sechseleutenumzug
→ Standplatz in Zollikon

Trotte Zunft Höngg
Wilchingen
→ Zweifel, Zürich Höngg (Zunft Höngg)

Trotte Flachs- und Weinbaumuseum Neftenbach
Gut Frischenberg, Sax
→ Sennwald SG
→ Dorftrotte Neftenbach

Rudolfinger Trotte Stammheim
Rudolfingen
→ Museum Stammertal
→ Im Lager in Stammheim
Modell im Schaulager Girsbergerhaus

Langhart Trotte Unterstammheim
Flösch Unterstammheim
→ 1939 Landidörfli Zürich
→ Firma Bucher-Guyer (zur Verwertung für neue Pressen)

Trotte Marthalen
Haus Mitteldorf 7
→ Marthalen
→ Lager Schützenhaus
→ Ortsmuseum Marthalen

Trotte Mellstorf/Wislikofen
Trotte Mellstorf
→ Lager in Scheune
→ Vrenihus
→ Museumstrotte Mellstorf

Trotte Schinznach
Äbleten Meilen
→ Schloss Lenzburg
→ Weinbaugenossenschaft Schinznach

Trotte Sternen Würenlingen
Obermarkersdorf Öe
→ Niederweningen (Bucher Pressen)
→ Würenlingen

Trotte Wehrli Küttigen – Staatstrotte Aargau
Effingen
→ Stadtmuseum Schlössli Aarau
→ Küttigen

Bergtrotte Osterfingen
Siblingen
→ Osterfingen

Trotte Sankt Georgen Stein am Rhein
Bergtrotte Osterfingen (Eine von Drei)
→ Stein am Rhein

Trotte Schaudepot Diessenhofen
Niederneunform
→ Frauenfeld (Lager)
→ Diessenhofen
(war ursprünglich einmal für das Weinbaumuseum am Zürichsee vorgesehen)

Torkel Ragatz Autobahnraststätte Heidiland
Ragatzer-Torkel, Chur
→ Heidiland

Alter Torkel Jenins
Meier-Torkel, Chur
→ Jenins

Trotte Weinhaus Nüesch Balgach
St. Margreten
→ Balgach

Torkel Schloss Sargans
Familie Rupf-Gall, Berschis
→ Schloss Sargans

Trotte Schaan
Kleine örtliche Verschiebung des Gebäudes samt Inhalt geplant.

St. Margarethentrotte, Binningen
St. Margarethengut
→ Historisches Museum Basel
(Kirschgartenmuseum)
→ Ortsmuseum Binningen

Weggiser Trotte
Oberriedsort Weggis
→ Schweizer Agrarmuseum Burgrain Alberswil LU

Trotte La Neuveville
Oberhofen am Thunersee
→ Historisches Museum Bern
→ Leihgabe Cave de Berne in La Neuveville

Trotte Heimat- und Rebbaumuseum Spiez
Zürcher Weinland (Ort unbekannt)
→ Spiez

Torkel Freilichtmuseum Ballenberg, Brienz
Fläsch
→ Ballenberg
(Teile des Gebäudes aus Schaffhausen)

Trüel Rebhaus Wingreis
Haus Ligerz in Kleintwann
→ Rebhaus Wingreis

Trüel Rebbaumuseum Hof Ligerz
Kleintwann (heute Seepolizei)
→ Rebbaumuseum Ligerz

Trotte Weinmuseum Salgesch
Loc bei Sierre
→ Weinmuseum Salgesch

Porträts

Auf der Suche nach den Baumtrotten der deutschsprachigen Schweiz und des Fürstentums Liechtenstein trifft man viele besondere Persönlichkeiten. Persönlichkeiten, die sich wissenschaftlich mit dem Thema befassen. Persönlichkeiten, die ihr Leben dem Sammeln von alten Kulturgütern verschrieben haben. Persönlichkeiten, die Interessierten die besonderen Museumsstücke erklären und Persönlichkeiten, die tatsächlich auf diesen wunderbaren Baumtrotten noch gearbeitet haben. Und Persönlichkeiten, die sich dem Handwerk verpflichten und die alten Weinpressen immer wieder in Gang setzen, um einen wunderbaren Tropfen daraus zu keltern.

Alle Begegnungen mit Eigentümern und Betreiber von solchen kulturhistorisch wertvollen Gerätschaften waren wertvoll und hinterlassen Spuren. Fachliche und menschliche Spuren.

Hier eine kleine Auswahl als Dank an all die Türen, die dem Autor geöffnet wurden.

Peter Bretscher
Volkskundler im Dienste des Kantons Thurgau

Peter Bretscher war Leiter des Schaudepots St. Katharinental in Diessenhofen. Ein begnadeter Volkskundler, der dieses einmalige Museum für das Historische Museum des Kantons Thurgau aufgebaut hat. Rund 10 000 Gegenstände aus dem Obst- und Weinbau, aus alten Handwerken, aus dem ländlichen Lebensraum, aber auch aus den damaligen Küchen und Stuben hat Peter Bretscher zusammengetragen. Sein Sammlerblick ist nicht nur den grossen und repräsentativen Fundstücken zugewandt. Vielmehr sind seltene Gebrauchsstücke sein Ding. Ein Beispiel ist der Stickel mit den eingeschnittenen Kerben. Übersehen von den Antiquitätenhändlern finden solche Gegenstände den Weg nach Diessenhofen. Bückiträger/Brententräger haben bei der Traubenernte nach jedem Gang über Treppen und Mauern zur Stande die Anzahl geleerter Brenten eingekerbt. Nach Ende der Ernte wurden damit Ertrag und der zu erwartende Verdienst überschlagsmässig berechnet.

Peter Bretscher weiss zu 10 000 Gegenständen eine Geschichte zu erzählen. Und er weiss die Zuhörer zu begeistern. Aus seinem reichen persönlichen Fundus an Wissen wurde eine wissenschaftliche Sammlung von grösstem Wert zusammengetragen. Peter Bretscher ging als einer der letzten auf ländliche Sachkultur spezialisierten Volkskundler Ende 2021 in Pension. Es bleibt zu hoffen, dass eine nächste Generation das enorme Kulturgut weiter zu pflegen weiss.

Willi Korner
Der letzte Trottenmeister des Abtes von Einsiedeln

Das Kloster Einsiedeln beschäftigte wohl viele Kellermeister, um die Trauben der Leutschen zu bestem Wein für den Abt, die Patres und die Brüder, aber auch die zahlreichen Gäste des Klosters zu keltern. Schon sein Vater hatte das Amt des klösterlichen Verwalters inne. Also ist Willi im herrschaftlichen Haus aufgewachsen. Jede Arbeit im Rebberg und im Keller begleitete der interessierte junge Mann. Schon früh half er seinem Vater beim Pressen des geernteten Traubengutes auf der historischen Baumtrotte. Bis 1961 wurde mit der Urgewalt des mächtigen Baumes und dem angehängten Gewicht eines grossen Steines jeder wertvolle Tropfen herausgepresst. Jeden knarrigen Ton beim Drehen der Spindel vermeint man zu hören, wenn Willi Geschichten aus seiner Arbeit erzählt. Willi hat die landwirtschaftliche Schule in Pfäffikon und eine Ausbildung zum Weinküfer in Wädenswil besucht.

Willi Korner hat in seinem Leben zahlreiche Äbte erlebt. Und von jedem Abt kann er Geschichten erzählen ... Früher hatten die kirchlichen Würdenträger noch Zeit, sich im Weinberg des Herrn hin und wieder zu zeigen und mit den Bediensteten ein Gläschen Wein zu genehmigen.

Heute noch pflegt Willi Korner einen kleinen historischen Rebberg beim Kappeli, mitten im klösterlichen Rebberg. Wahrlich ein Blickfang, wie der altgediente Meister die Reben schneidet und an die Stickel bindet.

Jörg Schenkel
Museum Holzhausen in Oetwil am See

Jörg Schenkel, ein Hobby-Winzer, hat zusammen mit Jakob Grimm, einem Betreiber einer Sammelstelle, über Jahre ein wertvolles Kulturgut aus der Region zusammengetragen. Diese Sammlung zeigt Unikate aus der Bahngeschichte, der Feuerwehr, des Strassenunterhaltes, der Imkerei und Wissenswertes über das häusliche Leben. Der grösste Teil dieser Ausstellung aber gilt dem Thema Reb- und Weinbau. Gerade hier entwickelte sich Jörg Schenkel zu einem brillanten Kenner. Über alle gesammelten Gegenstände wurde ein Museum in ländlicher Umgebung gebaut.

Diese Sammlung entpuppt sich als versteckte Trouvaille. Hier wurde nicht wild gesammelt um zu sammeln. Hier wurde fundiert zusammengetragen und in einer allumfassenden Rebbaugeschichte ausgestellt.

Jörg Schenkel kann nicht nur seine Hagelkanone in Aktion zeigen. Er kann begeisternd zu jedem Gegenstand den Zweck erklären. Jede Funktion weiss er zu rekonstruieren. Schliesslich hat er die meisten Gegenstände selber gereinigt, restauriert und funktionstüchtig gemacht. «Sein» Museum kann berührt werden. Und darum berührt ein Besuch in Holzhausen jeden, der sich mit alten Geschichten über traditionelle Handwerke begeistern lässt. Dieses Museum kennt nicht jeder. Jedermann sollte aber ein Besuch bei Jörg ins Programm aufnehmen. Es lohnt sich wirklich.

Samuel Wyder
Kurvige Weinkarriere auf historisch-geologischem Fundament

Sich mit Sämi zu treffen, ist eine Reise in eine andere Zeit. Zurück in die Entstehungsgeschichte eines Rebbergbodens, zurück in die weinbauliche Geschichte seiner Familie. Zurück aber auch in eine Zeit der Entbehrungen, des Hungers und der familiären Schicksale von Alkohol und Arbeitslosigkeit. Am Standort des heutigen Kantonsspitals Zürich waren die Vorfahren Pächter von Rebparzellen. Der Genuss des eigenen Weines aber wurde gemieden, solange sein alkoholkranker Onkel lebte. Bis zum Todestag wurde das Blaue Kreuz unterstützt. Als Student lernte Sämi den Wein schätzen. Mehr noch, er verfasste eine Semesterarbeit über einen Weinbaubetrieb in Mont-sur-Rolle. Sämi bildete sich zum Gymnasiallehrer in Geografie und Geologie aus und befreundete sich mit dem Fachlehrer für Englisch der damaligen Ingenieurschule in Wädenswil. Diese Beziehung öffnete ihm die Kellertüren von Forschungsanstalt, Fachschule und vielen Kellereien am Zürichsee. Dies erlaubte ihm, die Gaumenfreuden sensorisch zu schulen und zu benennen. Heute noch, im Alter von über 100 Jahren, vermag Sämi die Weinfreunde mit seinen präzisen Weinbeschreibungen zu begeistern.

Vielleicht sind es die raren gesottenen Kartoffeln, die Sämi auf seinen Bergtouren als einzige Verpflegung mittrug, dass der rüstige Rentner sich immer noch einer guten Gesundheit erfreuen darf. Selbstverständlich lässt Sämi seine Fahrtüchtigkeit periodisch testen. Er braucht seinen Wagen nicht nur zur Fahrt zum Bäcker. Vielmehr führen ihn seine Fahrten zu den Winzern am Murtensee oder zu den Veranstaltungen der Weinfreunde am Zürichsee.

Sämi heiratete eine Juristin, die aber nicht an den Gerichten arbeiten wollte, sondern sich um die Rechtshistorische Wissenschaft kümmerte. Zahlreiche Publikationen zeugen von dieser für die beiden wertvollsten Zeit der Zusammenarbeit. Bei der Aufarbeitung der Geschichte des Standortes des Kantonsspitals berührten die beiden auch die weinbauliche Geschichte in der Stadt Zürich.

Sämi arbeitet heute intensiv fürs örtliche Museum, wo er die Geschichte von Landvogt Salomon Landolt erforscht. Dazu sucht er im für ihn viel zu langsamen Computer nach historischem Kartenmaterial. Nach dem Tod seiner Frau führt Sämi die Forschungsreise jetzt alleine weiter, auch wenn ihm das philosophische Streitgespräch bei einem Glas Wein aus Flurlingen merklich fehlt.

Das strenge Rasenmähen seiner Liegenschaft hat er einem Gärtner übergeben. Das Schneiden der Bäume aber macht der liebenswürdige Weinfreund noch immer selber. Gelernt ist gelernt. Sämi ist historisch im Heute angekommen. Wir wünschen ihm noch viele Jahre des Geniessens und der Forschung.

Fortunat Ruffner
Forti, ein historischer Alleskönner

Ein Glücksfall, wenn man sich mit der Historie von Baumtrotten befasst. Forti weiss wirklich alles über die reb- und weinbauliche Geschichte von Chur bis zur Kantonsgrenze und noch darüber hinaus. Er ist einer der guten Geister, die das Weinbaumuseum Torkulum am Leben halten. Für die Gastronomie sind andere zuständig. Fürs Weinwissen und die Kenntnis aller ausgestellten Geräte ist Forti zuständig. Und er hat auch alles zu Papier gebracht. So, dass auch andere Führer den weinbaulichen Spaziergang durch Chur, vom Rebberg des Bischofs zum Museum mit Gästen durchführen können. Der studierte Ing. agr. ist wie geboren für den Bezug zu früheren Kulturen. Dass er sich beruflich mit Wein befasste, zeigt aber auch den modernen Zeitgeist, den Forti immer wieder einfliessen lassen kann. Der rüstige Rentner ist auch Förderer von Walser Kultur.

Barbara Stoffel
Weinkultur im Blut

Beruflich Barbara zu beschreiben ist nicht so einfach. Einfach Sachbearbeiterin ist noch lange kein ausreichender Beschrieb der Tätigkeit von Barbara im Museum Torculum in Chur. Sie ist schlichtweg städtische Gastgeberin einer herrlichen Institution mit weinbaulichem Bezug. Barbara ist wichtigster Bestandteil des Museums und leitet dieses schmucke, modern gestaltete Haus im Auftrag der Stadt, aber im Sinne eines eigenen Refugiums. Chur kann sich glücklich schätzen, eine so kompetente Person in ihren Reihen zu haben. Es sind solche Frauen und Männer, die ein Museum mit historischem Bezug lebendig erhalten vermögen. Hoffentlich noch lange.

Barbara Stoffel ist inzwischen in Rente gegangen. Die Spuren aber wirken weiter.

Erdresten für mehr Gewicht

Bei vielen Torkeln der Ostschweiz wurde der Wurzelstock möglichst tief ausgegraben. Ein jedes Kilo ist wichtig fürs Gewicht beim Pressen. Erdreste sind schöne Zeugen eines Waldbodens, wo einmal die mächtige Eiche, die schöne Kastanie oder die Lärche gestanden ist.

[1] Fläscher Torkel.
[2] Torkel Ortsbürgergemeinde Altstätten.
[3] Schloss Salenegg Maienfeld.
[4] Eggtorkel Maienfeld.

1 2 3 4

Obst- und Beerenpressen

«Mit Glückwünschen zum schönsten Tag»

Überall stehen diese Holzgestelle, ausgestattet für serienmässige Pressungen von Kleinmengen. Und überall werden eigene Geschichten zur Verwendung dieser historischen Gerätschaften erzählt. Vielfach ist von Kernenpressung zur Gewinnung von Ölen die Rede oder von der Pressung kleiner Traubenmengen in genossenschaftlich genutzten Trotten. Mit Sicherheit sind diese Pressen ursprünglich nicht aus der Schweiz und auch nicht aus den typischen Weingebieten. Spuren gehen in die Steiermark und ins Südtirol und ganz sicher in die Verarbeitung von Beeren. Selbst kraftstrotzende Kellerburschen hätten nie die Kraft für die Pressung von Traubenkernen zustande gebracht, ohne die Gerätschaft in Brüche gehen zu lassen.

Tatsächlich sind das keine Traubenpressen. Vielmehr wurden verschiedenste Früchte wie Aprikosen, Beeren, Äpfel etc. zu Fruchtweinen verarbeitet. Kernobst wurde dazu entkernt und zerkleinert (gehäckselt), um dann deren Saft daraus zu gewinnen. Bei Beeren geht das direkt.

Kleinere Behälter sind hier sinnvoll, da die quadratische Oberfläche ideal ist für einen angemessenen und konstanten Druckaufbau, um permanent und nicht ruckartig Saft zu gewinnen. Somit ist dies ein Direkt-Druck-Verfahren.

Weiter ist die Verwendung in Brennereien vorstellbar. Hier werden Früchte vor der Destillierung versaftet, mit Wasser verdünnt und dann in Gärung gebracht.

Denkbar sind auch Kleinmengen zur Saft- und Mostgewinnung oder als Konfitüre gekochte und abgefüllte Fruchtgelees.

Die vielfach künstlerisch gekonnte Beschnitzung des Holzes deuten auf die Beliebtheit, solche Pressen zum schönsten Tag den Brautleuten zu schenken. Die dekorative, meist antiquarisch gekaufte Gerätschaft aus dem ländlichen Gebrauch darf auch als Ergänzung in Museen eine eigene hölzerne Geschichte erzählen. Immerhin sind der Beerensaft, der Beerenwein und die Geleegewinnung auch in unseren ländlichen Gegenden sehr verankert.

Hier sind solche Beerenpressen zu sehen:
- Weinbaumuseum, Halbinsel Au/Wädenswil
- Weinbaumuseum, Tegerfelden
- Museum Holzhausen, Oetwil am See
- Itzikerhüsli, entlang der alten Strasse Stäfa–Feldbach
- Hotel/Restaurant Weisses Kreuz, Lyss

Druckerpressen aus kleinen Traubenpressen

Es waren die Fertigkeiten von Kalligrafen, Goldschmieden, Stempelschneidern und Metallgiessern um Johannes Gutenberg, die in Mainz wahrscheinlich ab 1448 die mechanische Technik des «Schreibens ohne Feder» förderten. Den Höhepunkt bildete die von 1452–1454 erstellte 42-zeilige Gutenbergbibel.

Es war naheliegend, dass für die Aufwendung von Kraft für den Druck der Druckplatten auf das Papier bereits vorhandene Obst- und Beeren-Pressen erstmals Verwendung fanden. Nach gleicher Technik entstanden dann die speziellen Drucktische mit Spindelpressen.

1

2

[1] Fotos und Exponate aus dem Schlossmuseum Beromünster.

[2] Faksimile-Druck aus der Gutenberg-Bibel.

Ein Wort zum Schluss

Die anfänglich als kleine Umschau geplante Sammlung von historischen Baumtrotten hat sich im Laufe der Zeit massiv vergrössert. Oft wissen nur wenige Leute von diesen Denkmälern in ihrem Dorf. Trottengebäude gibt es in der Schweiz vermutlich noch hunderte. Teilweise wurden sie geleert und einem anderen Zweck zugeführt. Vielleicht sind an manchen Orten noch Relikte einer Baumtrotte vorhanden. Der Raum aber wurde für Lager benötigt oder einer anderen Nutzung zugeführt. Dies kann einer der Gründe sein, dass Eigentümer kein Interesse zeigten, im Buch zu erscheinen.

Während den zahlreichen Besuchen von Trotten, Torkeln, Trüels und Driels bzw. während des Verfassens des vorliegenden Buchs ist auch da und dort eine Baumpresse abgebaut worden. Am Hafen in Twann wurde der Trüel aus Gründen der Sicherheit abgebaut. Ungeschützte Baumpressen in der freien Natur sind gefährdet. Die einmal gekaufte Trotte des Ritterhauses Bubikon ZH wurde wieder abgebaut und verkauft. In Egnach SG wurde eine Trotte als Kreiselkunst neu aufgebaut.

Die Gefahr, dass weitere Trotten abgebaut werden, besteht leider. Der Platzbedarf ist gross und strapaziert oft die Eigentümer bei der Entscheidung, wie ein Haus restauriert werden kann und wie die Räume genutzt werden können.

Dieses Buch ist nicht vollständig. Immer noch bekomme ich Hinweise auf bestehende Trotten. Irgendwo in einem Keller steht doch noch dieses oder jenes Relikt …

Jeder Kontakt auf den Reisen durch die Deutsche Schweiz und das Fürstentum Liechtenstein hat wertvolle weitere Kontakte geschaffen. Diese Begegnungen fördern das Bewusstsein, einen Zeitzeugen einer wichtigen Kultur zu besitzen. Das Buch soll die Begeisterung wecken, diese Denkmäler zu erhalten.

Interessierten Leuten eine Baumpresse erklären zu können, macht Freude. Den grossen hölzernen Konstruktionen wird Leben eingehaucht. Die Balken beginnen Geschichten zu erzählen, herrliche Geschichten aus einer Zeit ohne Elektrizität und ohne Handyempfang.

Klaus Schilling

Nachweise und Adressen

Graubünden

Torculum Weinbaumuseum Chur
Torculum, Eventlokal
im Weinbaumuseum
Neubruchstrasse 31
7000 Chur
www.chur.ch/museum/18665

Katz Torkel Chur
Lürlibadstrasse 98
7000 Chur

Brändli Torkel Chur
Archäologischer Dienst des
Kantons Graubünden
7000 Chur
Schloss Reichenau
7015 Tamins

Früherer Bistumstorkel Zizers
Stöcklistrasse 1
7205 Zizers

Kronen Torkel Malans
Restaurant Krone
Edenstrasse 20
7270 Davos Platz

Bothmartorkel Malans
Scadenagut
Scadenaweg1
7208 Malans
www.weingutwegelin.ch

Alter Torkel Jenins
Huus vum Bündner Wii
Jeninserstrasse 3
7307 Jenins
www.alter-torkel.ch

Trotte Schloss Salenegg
Weingut Schloss Salenegg
Steigstrasse 21
7304 Maienfeld
www.schloss-salenegg.ch

Torkel Stäger / Lampert
Weingut Markus
und Sonja Lampert
Lurgasse 7
7304 Maienfeld
www.lampert-weine.ch

Eggtorkel Maienfeld
Kruseckgasse 3
7304 Maienfeld
www.eggtorkel-maienfeld.ch

Fritsche Torkel Fläsch
Ausserdorf 13
7306 Fläsch

Ragatzer Torkel Heidiland
Autobahnraststätte Heidiland
7306 Fläsch

Fürstentum Lichtenstein

Vaduz Restaurant Torkel
Restaurant Torkel
Hintergasse 9
9490 Vaduz
www.torkel.li

Rotes Haus Vaduz
Fürst-Franz-Josef-Strasse 102
9490 Vaduz

Löwen Vaduz
Gasthof Löwen
Herrengasse 35
9490 Vaduz

Schaaner Torkel
Amt für Kultur des
Fürstentums Liechtenstein
Peter-Kaiser-Platz 2
Postfach 684
9490 Vaduz

St. Gallen

Ortsmuseum Berneck
Haus zum Torkel
Weierbüntstrasse 2
9442 Berneck
www.museum-berneck.ch

Laager Torkel Berneck
Haus Laager
Husenstrasse 5
9442 Berneck

Torkel Weinhaus Nüesch
Emil Nüesch AG
Weinkellereien
Hauptstrasse 71
9436 Balgach

Torkel Rutishauser Thal
Weinbau zum Steinig Tisch
Dorfstrasse 17
9425 Thal SG
www.rutishauser-weingut.ch

Torkel Altstätten
Ortsbürgergemeinde Altstätten
Postfach 24
9450 Altstätten
www.ogaltstaetten.ch/torkel/

Torkel Schloss Sargans
Ortsbürgergemeinde
und Historischer Verein
Rosenstrasse 5
7320 Sargans

Torkel Zuckenriet
(Ehemals Ritterhaus Bubikon)
Schloss Zuckenriet
5926 Zuckenriet

Thurgau

Lederlitorggel Weinfelden
Weinbau Burkhart
Hagholzstrasse 7
8570 Weinfelden
www.weingut-burkhart.ch

Schlossgut Bachtobel
Bachtobelstrasse 76
8570 Weinfelden
www.bachtobel.ch

Schaudepot St. Katherinental, Diessenhofen
Historisches Museum
Schloss Frauenfeld
8500 Frauenfeld
www.historisches-museum.tg.ch/ausstellungen-/schaudepot-st-katharinental.html/7376

Schaffhausen

Osterfingen Trotte
Bergtrotte Osterfingen
8212 Osterfingen
www.bergtrotte.ch

Löhninger Trotte
Trotte Löhningen
Herrengasse 21
8224 Löhningen
www.trotte.ch

Römertrotte und Trotte Buchthalerstrasse
Stadtverwaltung Schaffhausen

Museum Sankt Georgen
Stein am Rhein
Museum Kloster Sankt Georgen
Fischmarkt 3
8260 Stein am Rhein
www.klostersanktgeorgen.ch

Zürich

Unterstammheim
Schaulager Giersbergerhaus
Sennegasse 5
8476 Unterstammheim
www.fachwerkerleben.ch

Andelfingen
Landolt Weine AG
Uetlibergstrasse 130
8045 Zürich
www.landolt-weine.ch

Marthalen Orts-/Wohnmuseum
Gemeindeverwaltung
Marthalen
www.marthalen.ch

Bachenbülach
Gemeindeverwaltung
Bachenbülach

Alte Trotten Flurlingen
Dorfstrasse 30
8247 Flurlingen

Trottengesellschaft Benken
Oberdorfstrasse 10
8463 Benken

Museum – Kultur und Begegnung Neftenbach
Huebstrasse 1
8413 Neftenbach
www.museum-neftenbach.ch

Wiesendangen Herrentrotte
Winterthur
Herrentrottenstrasse,
Wiesendangen
Immobilien Stadt Winterthur,
Landwirtschaft
Pionierstrasse 7
8403 Winterthur

Heimatmuseum Elgg
Humbergstrasse 17
8353 Elgg
www.heimatmuseum-elgg.ch

Museum zur Farb, Stäfa
Dorfstrasse 15
8712 Stäfa
www.lesegesellschaft.ch/museumzurfarb/

Holzhausen, Oetwil am See Museum Holzhausen
8618 Oetwil am See
www.museumholzhausen.ch

Zunft Höngg
www.zunfthoengg.ch

Zweifel Weine
Brauereistrasse 14
8049 Zürich

Zunft Riesbach
Zollikon

Ritterhaus Bubikon
8608 Bubikon

Trotte unterer Leihof Wädenswil
www.schmitz-riol.com/trotte-unterer-leihof

Weinbaumuseum am Zürichsee
Austrasse 41
8804 Au
www.weinbaumuseum.ch

Ortsmuseum Affoltern am Albis / Zwillikon
Ottenbacherstrasse 79
8909 Zwillikon
www.museum-affoltern.ch

Aargau

Wehrli Küttigen
Wehrli Weinbau AG
Oberdorfstrasse 8
5024 Küttigen
www.wehrli-weinbau.ch

Würenlingen
Hotel Restaurant zum Sternen
Endingerstrasse 7
5303 Würenlingen
www.sternen-wuerenlingen.ch

Aargauisch Kantonales Weinbaumuseum
Aargauisch Kantonales
Weinbaumuseum
Oberfeld 9
5306 Tegerfelden
www.weinbau-museum.ch

Ortsmuseum Schürhof Windisch
Dorfstrasse 14
5210 Windisch
www.museum-schuerhof.ch

Ennetbaden Goldwandtrotte
Oederlin AG, Ennetbaden
Badstrasse 50
5408 Ennetbden
www.weingut-goldwand.ch

Schinznach Weinbaugenossenschaft
Schinznach-Dorf
Trottenstrasse 1B
5107 Schinznach

Trotte Mellstorf / Wislikofen
Dorfmuseum Trotte Mellstorf
Dorfstrasse
5463 Wislikofen/Mellstorf

Basel-Land

Ortsmuseum Binningen
Holeerain 20
4102 Binningen
www.ortsmuseum-binningen.ch

Schwyz

Klösterliche Trotte Leutschen
Restaurant Leutschen
Leutschenrain 19
8807 Freienbach

Luzern

Rothenburg, Speckbaumtrotte
CKW Centralschweizerische Kraftwerke AG
Täschmattstrasse 4,
6015 Luzern

Alberswil/Burgrain
Schweizer Agrarmuseum
Burgrain 24
6248 Alberswil
www.museumburgrain.ch

Bern

Ballenberg
Freilichtmuseum der Schweiz
Museumsstrasse 100
3858 Hofstetten bei Brienz
www.ballenberg.ch

Spiez
Heimat- und Rebbaumuseum
Postfach 120
3700 Spiez
www.museum-spiez.ch

Twann-Tüscherz
Stiftung Rebhaus Wingreis
Wingreis 22
2513 Twann
www.rebhaus-wingreis.ch

Ligerz
Rebbaumuseum
am Bielersee «Hof»
Bielstrasse 66
2514 Ligerz
www.rebbaumuseum.ch/de/

La Neuveville
Cave de Berne
2520 La Neuveville

Wallis

Sierre
Hotel de Ville
Gemeindeverwaltung
3960 Sierre

Salgesch/Sierre
Weinmuseum-Sierre
Rue Ste. Catherine 6
3960 Sierre
www.lesvinsduvalais.ch

Weinmuseum-Salgesch
Museumsplatz
3970 Salgesch
www.salgesch.ch/erlebnis/weinmuseum/

Eggerberg
Trielmuseum
Mühlackern
3939 Eggerberg
www.eggerberg.ch

Törbel – Urchigs Terbil
Fälach 12
3923 Törbel
www.urchigs-terbil.ch

Zeneggen
Gemeindeverwaltung
3934 Zeneggen
www.zeneggen.ch

Visperterminen
Heidadorf Visperterminen Tourismus
Dorfstrasse 128
3932 Visperterminen
www.heidadorf.ch/de

Literaturnachweis

Spindelherstellung – Video erhältlich bei: Waldbauernmuseum Gutenstein Österreich www.waldbauernmuseum.at und https://holzverwendung.boku.ac.at/refbase/files/ast/2011/285_Ast2011.pdf

Trotten im Zürcher Weinland von Ursula Zwahlen-Kugler, Wahlern BE: Dissertation – *Ein Beitrag zur Kulturgeographie des nördlichen Zürcher Weinlandes* Juris Druck + Verlag Zürich 1972

50 Jahre Trottenfest – Bergtrotte Osterfingen – Rebbaugenossenschaft Osterfingen; Hinweise für die Trotten in Osterfingen und Stein am Rhein

50 Jahre Gesellschaft für das Weinbaumuseum am Zürichsee; Hinweise zur Trotte des Weinbaumuseums Halbinsel Au

Bättelchuchi und Vogelhärd – Historisches Museum Thurgau – Huber Verlag; Hinweise zum Beitrag Trotte und Museum Schaudepot Diessenhofen

Bachenbülach – gedenkt seiner hundertjährigen Selbständigkeit – Broschüre und *150 Jahre Bachenbülach – Ein Dorf auf dem Weg in die Moderne;* Hinweise zur Trotte in Bachenbülach

Fläsch, ein Weinbaudorf in der Bündner Herrschaft Inventarisation – Probleme in der Denkmalpflege https://www.gr.ch/DE/institutionen/verwaltung/dvs/are/themen/Fläsch.pdf

Zeitschrift des Schweizerischen Burgenvereins 4. Dezember 2022; *Die Churer Torkel – letzte Zeugen des historischen Weinbaues.* M. Seifert Seetaler Brattig 2022, Verlag SWS Medien AG Prime-dia in Hochdorf

Als die CKW in Rothenburg forschte: Erwin Troxler, Rothenburg; Hinweis zur Speckbaumtrotte Rothenburg

Das Johanniter-Rebgut zu Twann: Kurt Friedrich Hubacher, *Ein geschichtlicher Rückblick zum Weinabu am Bielersee*; Hinweis zum Trüel des Rebhauses Wingreis in Twann-Tüscherz

Die Kunstdenkmäler des Kantons Bern Landband III: Der Amtsbezirk Nidau 2. Teil (Hauptteil) von Andres Moser, 2005; Hinweis Trüel am Bielersee, Wingreis, Ligerz, Twann

Die Welt um Mellstorf im Studenland von Louise C. Wenzinger; *300 Jahre Trotte Mellstorf* ev. von Karl Moor; Hinweise Trotte Mellstorf

Die Trotte des Landgutes St. Margarethen in Binningen; *Jurablätter – Monatsschrift für Heimat- und Volkskunde* von Hans-Rudolf Heyer

Trotte Freilichtmuseum Ballenberg:
Quellen: Unterlagen aus dem Archiv des Schweizerischen Freilichtmuseum Ballenberg www.ballenberg.ch
Literatur: Trotte aus Schaffhausen SH, 14./15. Jh. Baudokumentation 693.
Ballenberg, Freilichtmuseum der Schweiz, Marion Sauter. 2020.
Aus den Archivalien: Technische Daten. FührerInnenschulung. Hans Michel 2016.

Walliser Driel:
Kelterzeit, Beiträge zu Rebe und Wein im Wallis 1 von Anne-Dominique Zufferey-Périsset
Walliser Reb- und Weinmuseen in Siders und Salgesch
Die Vispertaler Sonnenberge, Stebler F.G., Jahrbuch der Schweiz. 56. Jahrgang, Schw. Alpenclub 1921

Zeneggen, Sonnenterrasse im Vispertal, Herausgeber: Gemeinde Zeneggen, 2006 Erwin Jossen, Rotten Verlag, 3930 Visp

Läderli – Torggel
Angaben zum Torggel: Herr H.J. Keller, Informationen aus Weinfelden
Herr W. Burkhart, Miteigentümer Torggel

Dank

Besonderer Dank gilt meiner Gattin Michèle für ein erstes Lektorat, Tipps und viel Verständnis. Ein herzlicher Dank geht an Frau Katrin Feigel. Auf vielen Reisen zu den Trotten hat sie mich begleitet. Von vielen Tipps und Anregungen konnte ich profitieren.

Schweizer Zeitschrift, Obst und Wein, Evelyne Beyeler
Alfred Egli Küsnacht
Ueli Welti, Küsnacht
Heiner Hertli, Flurlingen
Othmar Kalt, Tegerfelden
Martin Graf, Schaffhausen
Hanspeter Wehrli, Winterthur
Gerhard Lienhard, Teufen
Sämi Wyder, Aesch Forch
Peter Bretscher, Diessenhofen
Felix Indermaur, Winzer und Rebschulist, Berneck
Ernst Schegg, Bachenbülach – Erste Ideen und Vorarbeiten zu diesem Buch
Herr Keller, Informationen aus Weinfelden
Frau Heidi Lüdi Pfister, Kuratorin Rebbaumuseum Ligerz und Stiftungsrat Rebhaus Wingreis
Barbara Stoffel, Chur, ehem. Verwalterin Torculum Chur
Fortunat Ruffner, Maienfeld – Führer Torculum Chur und Kenner Weinland Graubünden
Frau Lydia Räss, Archive und Bibliothek, Ballenberg
Julian Vomsattel, Visp, Informationen und Besuch der Triels von Visperterminen

Und allen Eigentümern, Pächtern und Betreibern, die dem Autor bereitwillig die Türen öffneten.

Johannes Florin
dipl. Architekt ETH / REG A
Winkelgasse 19, 7304 Maienfeld GR

Collomb Architekten
Dipl. Msc Arch. USI-AAM, SIA
Gäuggelistrasse 37, 7000 Chur
Pläne der 3 Torkel in Chur

Archäologischer Dienst Graubünden/Amt für Kultur
Pläne und Angaben über Torkel in Chur
Herr Dr. Mathias Seifert
Gürtelstrasse 89, 7001 Chur

Der Autor

Klaus Schilling wurde 1950 in Davos geboren. Als Winzermeister leitete er Betriebe in verschiedenen Schweizer Regionen. Als Berater und Museumsführer sowie auf Reisen lernte er eine grosse Bandbreite verschiedener Trotten kennen. Heute interessiert sich der Autor für die kantonal und regional verschiedenen Eigenheiten dieser Kulturdenkmäler. Klaus Schilling wohnt im Luzerner Seetal.

Bildnachweis

Alle Fotos in diesem Buch stammen vom Autor, ausser:

Wikimedia Commons: S. 6, 14, 20 u, 21 m
Urs Bolz: S. 15, 143 o, 148 o/ur
Waldbauernmuseum: S. 17
Bucher Pressen: S. 19
Landesmuseum Koblenz: S. 21 o
Archeologischer Dienst Kt. Graubünden: S. 24, 33 u
Samuel Wyder: S. 25–29
Collombo Architekten Chur: S. 35, 38, 43
Katz-Torkel, Chur: S. 37, 39
Kronen-Torkel, Malans: S. 46
Torkel Schloss Bothmar: S. 49
Torkel Schloss Salenegg, Maienfeld: S. 52 o
Trotte Weingut Lampert Maienfeld: S. 54 m/u
Torkel Altstätten: S. 82 l, 83 o
Berschis Torkel Schloss Sargans: S. 85 u
Läderli-Torggel, Weinfelden: S. 86 u
Bergtrotte Osterfingen: S. 97 o
Römertrotte Büsingen: S. 104 u
Geschichte Trotten Flurlingen: S. 119 o
Humbertrotte Elgg: S. 132 or
Trotte Ritterhaus Bubikon: S.135 ur
Trotte Museum Holzhausen: S.138
Trotte Zunft Höngg: S. 140, 141 u/o
Trotte Kloster Oetenbach, Zürich: S. 143 u
Trotte Unterer Leihhof, Wädenswil / Denkmalschutz Kt. Zürich: S. 144, 145, 146
OVA-Trotte Zwillikon: S. 152
Schürhoftrotte Windisch: S. 161 or/m/ul/ur
Alte Goldwandtrotte Ennetbaden: S. 163 or
Meilemer Trotte Schinznach: S. 164 ol
St. Margarethen-Trotte Binningen: S. 167 ur, 168 u, 169 m
Mööslitrüel, Spiez: S. 187 m
Triels Zeneggen, Familie Imesch: S. 208
Druckerpressen Beromünster: S. 228

Kulturgeschichte im AS Verlag

Die Schweizer Landwirtschaft ist nicht leicht einzuordnen. Es gibt die romantisierende, konservative Vorstellung der Schweiz als Volk von freiheitsliebenden, unabhängigen Bauern. Demgegenüber wird die heimische Landwirtschaft von der übrigen, urbanen Bevölkerung oft belächelt. Touristenattraktion, Folklore, Ineffizienz, Subventionen, Mythologisierung. Diese Zwiespältigkeit zeigt sich auch in der aktuellen Fotografie. Das Besondere an Markus Bühler-Rasoms Bildern ist, dass er eine Haltung jenseits von Stereotypen einnimmt. Nicht weniger als eine Bestandsaufnahme der Schweizer Landwirtschaft hat er sich vorgenommen,und er geht an diese immense Aufgabe, die ihn über Jahre beschäftigte, mit dem Blick eines Forschers.

Markus Bühler
Landwirtschaft Schweiz
288 Seiten, 193 Abb.
21 x 27 cm, Hardcover
ISBN: 978-3-906055-27-5

In gängigen Beschreibungen der Geschmacksnoten von Wein spielen geologische Begriffe vermehrt eine Rolle. Da ist oft von «mineralischen» Noten zu lesen – etwas vage, angesichts von Tausenden bekannter Mineralien. Hingegen steht ausser Zweifel, dass geologische Gegebenheiten in den Reblagen die Ausprägung der Landschaft und die Qualität der Trauben beeinflussen. Sonnenexposition, Wasserregime, Mikroklima, Bodenbeschaffenheit und Elementgehalte sind Ausdruck der erdgeschichtlichen Entwicklung. Die Schweiz ist gesegnet mit einer bunten Abfolge unterschiedlicher Gesteine auf kleinem Raum. In Kombination mit der ebenfalls bemerkenswerten Vielfalt an Rebsorten sind in den schweizerischen Rebbauregionen markante geologische Unterschiede, teilweise sogar in ein und demselben Rebberg möglich.

Stein und Wein
Roche et Vin
612 Seiten, zahlreiche Abb.
21 x 27,5 cm
Hauptbuch Hardcover
Regionalhefte Broschur
ISBN: 978-3-906055-91-6 (d)
ISBN: 978-3-906055-92-3 (f)

Von Tscharner ist oft auf der damals neuen Kommerzial- oder Kunststrasse von Chur über den San-Bernardino-Pass ins Piemont gereist; er hat entscheidend zum Zustandekommen dieser Strasse beigetragen, die 1823 fertiggestellt wurde. In den Texten dieses Bandes erzählt er davon nur am Rande. Er erzählt von seinen Fuss- und Kutschenreisen in seinem Land Graubünden, vorwiegend in der Gegend am Hinterrhein, über die Pässe, zum Rheinursprung, im Burgenland Domleschg, Schams und Rheinwald. Dabei berichtet er von interessanten Begegnungen, streitbaren Debatten über den politischen und moralischen Zustand Bündens. Es sind Texte, die in ihrer Farbigkeit und Lebendigkeit, auch ihrer Genauigkeit erstaunen.

Peter Conradin von Tscharner
Wanderungen durch die Rhätischen Alpen
Herausgegeben von A. Simmen
Eine Publikation des ikg
232 Seiten, 17 x 24 cm, Hardcover
ISBN: 978-3-03913-049-8

Was haben der Kreml in Moskau und die Sankt-Ursen-Kathedrale in Solothurn, der Petersdom in Rom und die Hofburg in Wien, die Seufzerbrücke in Venedig und die Hagia Sophia in Istanbul gemeinsam? Bei all diesen Bauwerken waren Architekten, Ingenieure und Maurer aus dem Tessin am Werk. Obwohl diese Magistri Comacini genannten Baumeister während Jahrhunderten in ganz Europa Herausragendes geleistet haben und bei Päpsten, Kaisern, Zaren und Sultanen hoch in der Gunst standen, sind sie hierzulande in der kollektiven Wahrnehmung kaum präsent. So prachtvoll ihre Bauten, so unbekannt ist ihr Werdegang. In diesem Buch werden über zwanzig dieser Baumeister vorgestellt.

Omar Gisler
Terra D'Artisti – Genial gebaut
Wie Tessiner Baumeister Kunstgeschichte schrieben
280 Seiten, zahlreiche Abb.
17 x 24 cm, Hardcover
ISBN: 978-3-03913-045-0

Die Geschichte des Schweizer Bergbaus ist gespickt mit zahlreichen Versuchen, durch den Abbau dieser oftmals sehr abgelegenen Lagerstätten zu schnellem Reichtum zu gelangen. Obwohl die Schweiz reich an vielen «armen» Lagerstätten war, hat sich der Bergbau nie so entwickelt wie in den angrenzenden Nachbarländern. Manch einer hat sein letztes Hemd geopfert, nur um sich nach etlichen Rückschlägen sein Scheitern eingestehen zu müssen. Trotz all dieser herben Niederlagen und dem Wissen um das Risiko kam es immer wieder vor, dass solche Glücksritter und Abenteurer, inspiriert durch die Erfolge im Ausland, in der Schweiz nach Rohstoffen gruben.

Roger Widmer
Bergwerke
Schweizer Bergbau – die Geschichte von Glücksrittern
240 Seiten, zahlreiche Abb.
21 x 27 cm, Hardcover
ISBN: 978-3-03913-050-4

Ein Buch über Brockenstuben – das erste Buch zu diesem Thema überhaupt. Ein Bildband, der das Augenmerk auf die Faszination und das Erlebnis des Brocki-Besuches legt – und auf diese Weise auch eine Lanze für die damit verbundenen Themen der Umwelt- und Sozialverträglichkeit bricht: Recycling, Zero Waste, Nachhaltigkeit und soziales Engagement. Ein Buch, das zum richtigen Zeitpunkt kommt, denn Brockis boomen und sind längst durch alle Gesellschaftsschichten hindurch beliebt. Zwanzig besondere Brockenhäuser aus dem Gebiet der Deutsch- und Welschschweiz werden in diesem Bildband porträtiert. Grossformatige Fotos und poetische Texte führen tief hinein in das faszinierende Universum der Räume und Dinge.

Sasi Subramaniam,
Iris Becher, David Knobel
Die schönsten Brockis der Schweiz
224 Seiten, zahlreiche Abb.
21 x 27 cm, Hardcover
ISBN: 978-3-03913-001-6

GR·W 17